U0378810

面白くて眠れなくなる人類進化

有趣得
让人睡着
的
人类进化

[日] 左卷健男 著

刘子璨 译

SJ 北京时代华文书局

图书在版编目（CIP）数据

有趣得让人睡不着的人类进化／（日）左卷健男著；刘子璨译 . — 北京：北京时代华文书局，2020.11（2023.7 重印）

ISBN 978-7-5699-3950-7

Ⅰ . ①有… Ⅱ . ①左… ②刘… Ⅲ . ①人类进化—普及读物 Ⅳ . ① Q981.1-49

中国版本图书馆 CIP 数据核字（2020）第 222897 号

北京市版权局著作权合同登记号 图字：01-2019-7148

有 趣 得 让 人 睡 不 着 的 人 类 进 化
YOUQU DE RANG REN SHUIBUZHAO DE RENLEI JINHUA

著　　者 | ［日］左卷健男
译　　者 | 刘子璨

出 版 人 | 陈　涛
选题策划 | 高　磊
责任编辑 | 邢　楠
责任校对 | 陈冬梅
装帧设计 | 程　慧　郭媛媛　段文辉
责任印制 | 訾　敬

出版发行 | 北京时代华文书局 http://www.bjsdsj.com.cn
　　　　　北京市东城区安定门外大街 138 号皇城国际大厦 A 座 8 层
　　　　　邮编：100011　电话：010-64263661　64261528
印　　刷 | 河北京平诚乾印刷有限公司　010-60247905
　　　　　（如发现印装质量问题，请与印刷厂联系调换）
开　　本 | 880 mm × 1230 mm　1/32　印　张 | 6.5　字　数 | 104 千字
版　　次 | 2021 年 3 月第 1 版　　印　次 | 2023 年 7 月第 8 次印刷
书　　号 | ISBN 978-7-5699-3950-7
定　　价 | 42.80 元

自序

人类的进化很有趣。

在研究人类进化这一话题时，人们首先提出了一个根本性的问题：我们究竟从何而来？那么，究竟要怎样回答这个问题，才能既易懂又有趣，还能对读者有益呢？

如今我们的体内，不仅有着猿猴等灵长目动物进化至今的印迹，还印刻着自40亿年前延续至今的上古生物的历史。我想尝试通过本书，带领大家回溯一番这奇迹般的旅途。

在本书中，我将采取如下方针：

自第一部分起，我按照从现代到生命出现伊始的顺序来回顾。

在第一部分中，将从最初的人类讲到现代人类；在第二部分中，将从我们的祖先登上陆地起，讲到最初的人类出现前为止；在第三部分中，将从生命出现伊始讲到鳍上生骨的鱼。

我将围绕每一节的话题，来简明易懂（同时有趣）地为大家讲解。我不会深入讲解基因组[1]分析等的具体方法，而是简洁地说明其结果。

在此，我还想向大家提示阅读本书时的基本思维方式 —— 我们的祖先至今为止所经历过的进化过程中存在着许多分歧点。在每一个分歧点上，都存在着共同的祖先。

例如，"在大约七百万年前，人类和黑猩猩从一个共同的祖先分化开来，进化到了今天"就是其中一个例子。

人类也好，黑猩猩也罢，从共同的祖先分化开来后，经历了相同的岁月进化至今。在这一过程中，黑猩猩和人类都不断适应于所处环境的有限条件，走过了特化[2]的道路。黑猩猩适应了丛林中的生活，而人类则抛弃了丛林生活，学会了使用精密的工具。

[1]　又称"染色体组"，在分子生物学和遗传学领域指生物体所有遗传物质的总和。
[2]　由一般到特殊的生物进化方式。

因此，如果有人问我："现在的黑猩猩能够进化成人吗？"我的答案是"不可以"。这个道理，适用于目前世界上的所有生物。

了解人类进化的历史，是一门充满智慧的娱乐方式。同时，针对"我们如今为何会存在于此"这一问题，我们也能够在学习地球生命诞生、我们进化为人类的过程中获得启迪。

我并非人类进化史的专家，只不过是一个研究如何在小学、初中、高中给学生讲解理科课程的理科教育专家罢了。在过去担任中学、高校教师时，我在正式授课之初，曾经拼命地边学习边授课（这点在我如今担任大学教师时基本也没有改变），执笔本书时也是一样的。在执笔过程中，获得的新知识、新见解让我感到非常兴奋与激动！

如果这份获得知识的喜悦也能够感染到诸位读者，我将感到万分喜悦。

左卷健男

地质年代表

				代	纪	（万年前）
现在		新生代			第四纪	258
	显生宙	中生代		新生代	晚第三纪[1]	2300
		古生代			古近纪[2]	6600
5.42亿年前						
	前寒武纪	原生代（元古宙）	显生宙	中生代	白垩纪	1亿4500
					侏罗纪	2亿
					三叠纪	2亿5100
25亿年前		始生代（太古宙）		古生代	二叠纪	2亿9100
					石炭纪	3亿5900
					泥盆纪	4亿1600
38亿年前					志留纪	4亿4400
		冥生代（冥古宙）			奥陶纪	4亿8800
46亿年前					寒武纪	5亿4200

（基于日本《理科年表》2015年版制成）

---

[1] 又称"新第三纪"。

[2] 又称"老第三纪"或"早第三纪"。

目录

Part 1　　**有趣得让人睡不着的人类进化**

激动人心的进化成人之路

Part 3 奇妙的生命诞生故事

Part 1

有趣得让人睡不着的人类进化

Lucy
Homo sapiens
Homo neanderthalensis

人类的祖先一开始就是直立行走的吗

人类进化的新方案

"人类的祖先是猴子。"诚如这句话所说，人们曾经认为"人类与曾经栖息在树上的类人猿有着共同的祖先，这个祖先从树上来到地面居住，进化为类人猿，之后便经过猿人、原人、旧人、新人四个阶段进化到了今天"。

在非洲，决定从森林前往热带草原的类人猿们，由四肢行走慢慢站起身来，走向了这片广袤大地的各个角落。

然而，人类进化的轨迹，却并非直线化的、阶段化的。人类的发展过程极为复杂，存在着无数分支种类，历经盛衰兴废，甚至曾数次险些灭绝。在过去的短短四分之一个世纪，人们接连发现了许多人类化石，尤其是400万年前的古老的化石，由此才得知这一事实。

如今，使用猿人、原人、旧人、新人这些术语的国家只有日本，这并非国际通用的学术用语。但通过这一套术语来表达进化级别（等级、程度）较为便利，因此在日本一直通行至今。

不仅如此，随着近年来科学家对初期猿人研究的不断推进，现在我们已经将猿人细分为初期猿人和猿人两类。也就是说，人们认为人类是经过初期猿人、猿人、原人、旧人、新人[1]这五个发展阶段而进化到今天的。

◆ 五个阶段的人类祖先（从初期猿人到新人）

进化阶段	初期猿人	猿人	原人	旧人	新人
典型物种学名	地猿	南方古猿	直立人	海德堡人	智人
栖息地	森林、疏林	草原（疏林）	草原	任何地方	任何地方
年代	400万年前	300万年前	150万年前	50万年前	10万年前

原图：[日]马场悠男

[1] 这种五段分类方法为日本特有的分类法，国际上并不通用。

在此，让我们先了解一下各个阶段的人类所生存的大体时代吧。

○约700万年前　初期猿人的时代

在非洲，和黑猩猩从共同的祖先分化出来的初期猿人在森林中开始直立行走，牙齿退化。

○约400万年前　猿人的时代

猿人从森林来到草原，能够稳定地直立行走。

○约200万年前　原人的时代

原人诞生于非洲，脑容量扩大，智力开始发育，能够开始制作真正的工具。他们起初寻找动物尸体为食，后来开始积极地开展狩猎活动。

○约60万年前　旧人的时代

旧人诞生于非洲。他们的手、脑与工具之间相互促进、相互作用，对中大型动物的狩猎开始兴盛起来。

○约20万年前　新人的时代（至今）

智人诞生于非洲。

○约6万年前

智人（部分为混血）从非洲扩散到全世界。

○约1万年前

人类开始耕作与畜牧。

◆ 人的种类及进化阶段

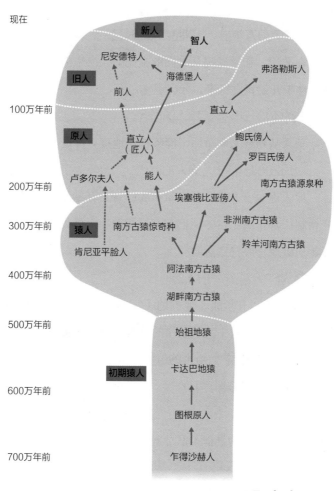

现在

新人

尼安德特人

智人

旧人

海德堡人

弗洛勒斯人

前人

100万年前

直立人

原人

直立人
（匠人）

鲍氏傍人

罗百氏傍人

能人

卢多尔夫人

南方古猿源泉种

200万年前

埃塞俄比亚傍人

非洲南方古猿

猿人

南方古猿惊奇种

300万年前

肯尼亚平脸人

羚羊河南方古猿

阿法南方古猿

400万年前

湖畔南方古猿

500万年前

始祖地猿

初期猿人

卡达巴地猿

600万年前

图根原人

700万年前

乍得沙赫人

有趣得让人睡不着的人类进化

human evlution

直立行走的证据

大家知道最古老的人类是谁吗？

如今，公认的最古老的人类是在非洲中部的乍得发现的被称为乍得沙赫人的猿人。乍得沙赫人大约出现在700万年前。在那以后，在580万至440万年前出现了始祖地猿。

乍得沙赫人与始祖地猿，和人们至今为止所了解的猿人有很大的不同，因此被单独分类为初期猿人来研究。

他们身材矮小，身高与雌性黑猩猩相当（120厘米左右）。脑容量也和黑猩猩一样，为现代人类的四分之一到三分之一（300—350毫升）大小。

他们栖息在森林，主要以水果为食。从出土化石的附近同样发现了动物化石这一点可以推断，他们并非住在草原，而是栖息在森林里。

乍得沙赫人不仅脑容量与黑猩猩相似，而且嘴部突出、犬齿较长的特征也与黑猩猩相似。那么为什么要把他们算作人类呢？这是因为他们头骨底部大脑与脊髓相连部分的孔洞是朝下的，这证明他们的头部是几乎垂直于脊柱的。这在某种程度上可以证明他们曾经直立行走。

◆ 乍得沙赫人与始祖地猿

乍得沙赫人

始祖地猿

也就是说，他们是直立人的可能性很高。但因为尚未发现腿部化石，因此并不能完全确定他们是否是直立行走的人种。即便如此，因为已有完整的头骨化石出土，因此从构造上来看依然被分入能够直立行走的人类体系当中。

始祖地猿的第一个化石是在1992年发现的，这是人们发现的第一个比南方古猿还要古老的人类。1994年，人们又发现了几乎完整的全身化石，之后针对始祖地猿的详细研究一直持续着。

始祖地猿的四肢与类人猿相似，但脊柱与头颅之间的关系、骨盆形状与之后的猿人及现代人类都非常相似。

我们在直立行走时，负担全身体重的并不是只有双腿，还有骨盆。例如，依靠四肢行走的熊的骨盆，就比人类的骨盆要小上许多。人类的骨盆很宽，能够稳稳地支撑起包括内脏在内的上半身。

从这些最为古老的人类的身体特征上能够看出，初期猿人并不是在从森林走向草原后才慢慢站起来的，而是从栖息在森林时就已经开始直起腰来行走了。

但是，他们的骨盆下部和黑猩猩一样很长，从这一点来看，他们的体形比起直立行走更适合爬树。他们可能是在树上吃果实饱腹后，在爬下来前往另一棵树的过程中是直立行走的。

除乍得沙赫人和始祖地猿之外，人们还发现了卡达巴地猿和图根原人等初期猿人的化石。但卡达巴地猿和图根原人的头骨尚未被发现，我很期待通过今后的考古发现来明确这四种初期猿人之间的关系。

夫妻的形态是从什么时候开始出现的

雄性黑猩猩犬齿发达的理由

雄性和雌性黑猩猩在身材上有着很大差异。雄性的体格要远大于雌性，雄性的体重约为55千克，雌性则只约35千克。雄性的力量强大，日本京都大学灵长目研究所的资料显示，雄性的握力最高可达300千克。而20岁人类男性的平均握力则为47千克。黑猩猩的握力大到能够轻松把一个常规体格的成年人丢出去。

雄性黑猩猩的武器是它们发达的犬齿。它们的犬齿是要远远大于人类的，它们经常用相当于小臼齿（后牙）的牙齿来研磨犬齿，把犬齿磨到像小刀一样锐利。因此，如果被雄性黑猩猩咬上一口，就会被它们的犬齿留下长长的割痕。

◆黑猩猩与现代人类的头骨

现代人类

黑猩猩

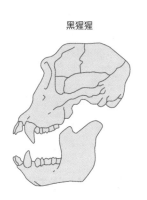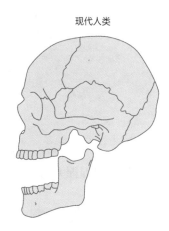

雄性黑猩猩的犬齿之所以发达，是为了在攻击敌对群体或是为了提高在猩群中的地位霸占所有雌性时，成群地攻击其他哺乳纲动物。

洛夫乔伊博士的"食物供给假说"

而在另一方面，人们通过化石研究发现，雄性和雌性始祖地猿的体格却几乎相当，犬齿也较小。类人猿时代，雄性之间的斗争和雄性对雌性的暴力行为都产生了变化，可以看出他们的残暴程度有所减轻。

　　同时，随着直立行走的开始，他们的双手也获得了自由。美国肯特州立大学研究始祖地猿化石的欧文·洛夫乔伊博士提出了一种"食物供给假说"，认为雄性始祖地猿可能曾用获得了自由的双手频繁地向特定雌性赠送大块的食物。这一假说是以现存的类人猿的行动为参考提出的。

　　作为获得食物的回报，雌性黑猩猩将会接受和雄性生育后代。这样，雄性便能够判断雌性生育的孩子是属于自己的。如此一来，雌性选择雄性的标准，可能就从原来的族群中的霸主地位，转变为温柔、拥有获取充足食物的能力。

　　也就是说，这也许就是夫妻关系的起源。

昵称"露西"的南方古猿

研究生的大发现

全世界最为有名的人类化石是什么？

正是1974年，唐纳德·约翰森博士在埃塞俄比亚的哈达尔发现的318万年前的南方古猿化石。

约翰森当时还是芝加哥大学的一名研究生。从他的种种言行可以推断出，他并不是一个"脚踏实地的研究员"，而是盘算着"找到人类化石就能一举成名"的人。某位研究人员评价约翰森："我本以为这个穿古驰牌鞋子、圣罗兰牌长裤的研究员根本不足为信。"

约翰森从1973年开始在埃塞俄比亚阿法尔谷的半干旱地区开展调查，发现了一些猿人化石。

幸运于1974年降临到他的头上。

◆ 唐纳德·约翰森博士

11月24日（有文献认为是30日），他和合作研究员汤姆·格雷寻找了几乎一整天，却只发现了人以外的哺乳动物的骨头。约翰森决定"再找一会儿今天就回去"，没过多久，他就发现了类似手臂和腿部的骨头。接着，他又发现了一小块颅骨后方的碎片。不仅如此，他环顾四周，发现这里还有许多其他的化石——关节依旧相连着的早期人类化石完整地保留在那里。夜幕已经降临。

两人回到营地后，完全睡不着，巨大发现带来的兴奋无法消退，他们喝着啤酒，一直畅谈到天明。他们那天晚上循环不断地听着一首歌曲，是甲壳虫乐队的歌曲*Lucy in the Sky with Diamonds*（《缀满钻石天空下的露西》）。这具化石的正式名称为"AL288-1"，但"她"也从这首歌中获得了一个昵称，叫作"露西"。

娇小的女性化石

"她"的年龄在20到30岁之间，身高105厘米，身材矮小，脑容量为400毫升，和黑猩猩相当。

◆ 哈达尔遗迹的位置

非洲大陆

哈达尔，埃塞俄比亚
阿法南方古猿

从骨架可以判断，露西有着和现代人类相似的直立行走的特征。仔细观察我们自己的双脚，能够发现脚后跟很发达，脚心有一块不会触及地面的部分，叫作足弓。足弓在猿猴类身上不存在，在始祖地猿身上也找不到，但露西却有足弓。脚心成弓形，可以使体重均等施加在脚后跟和脚尖。足弓让人类能够在长距离行走中不易感到疲惫。

不仅如此，露西的骨盆宽度和现代人类也差不多。骨盆支撑起上半身的内脏，尤其是当女性怀孕时，骨盆能够支撑胎儿。而直立行走的人类，骨盆也成盆状。

露西的胸廓（胸部处的骨骼）上窄下宽，呈筒状，这与腰部有曲线的现代人类并不相同。

露西是比雷蒙德·达特所发现的非洲南方古猿还要古老的人类，被分类为阿法南方古猿。

在日本上野的国立科学博物馆里，展示着阿法南方古猿露西的复原模型。她的骨盆很大，胸廓却上窄下宽，因此体格非常小，看起来胖胖的。复原模型展示出来的样子是右手伸出指向前方，流着鼻涕，看起来就像是因为到馆参观的观众而感到震惊一样。

◆ 露西

身高只有105厘米，骨盆大、胸廓上窄下宽，身材没有曲线。

你体内的南方古猿

哈佛大学的"光脚教授"、人类史学家丹尼尔·利伯曼的《人体的故事》（上）一书中有一节名为"你体内的南方古猿"。

利伯曼提出了一个问题："如今的我们为何必须关注南方古猿呢？抛开南方古猿是直立行走动物这一点不提，他们和你我看起来完全不同。我们究竟要怎么做，才能把南方古猿这种早已灭绝的祖先——大脑略大于黑猩猩，每天靠着采集坚硬得难以想象、难吃得无法下咽的食物度日的祖先，和我们自己联系起来呢？"

他给出的其中一个理由是，南方古猿是人类进化的一个重要阶段。

还有一个理由，那就是"在你我体内都有着大量南方古猿的留存"。在人类长达数百万年的进化历史中，出现过许多南方古猿的亚种，其进化的痕迹有许多都留存在了我们的体内。

与黑猩猩相比厚而大的臼齿，又短又粗、不适合在树枝上攀缘的大脚趾，长而灵活的下背部（脊柱下部的腰部区域），有足弓的脚掌，有曲线的腰部，较大的膝盖……

这些特征都让人类成了优秀的长距离步行者，相比于其他动物也显得十分少见。当作为食物的果实随着气候变化而减少时，人类会挖掘植物生长在地下的根茎等来食用，并逐渐适应于直立行走，这些也是人体会产生这些特征的原因。

当然，我们并不是南方古猿。

与露西和她的亲戚们相比，"人的大脑是他们的三倍大，腿更长，手臂更短，面部没有那么突出"。不仅如此，我们还能够吃到肉类这样的高品质食物，还享受着工具、语言、文化等带来的好处。而这一切的契机，则是冰河时期的来临。面对严酷的生存环境，早期的原人必须要充分运用大脑、四肢和工具，敏感地适应环境。原人的这些特征也残存在我们身上。

与此同时，我们的身体，也有一些部分并不能完全适应直立行走。长时间站立行走后会感到疲惫、无以为继的动物，只有人类。胃下垂、脑贫血、腰痛等病症也是直立行走的人类所特有的。直立行走虽然给人类带来了很多好处，但同时也带来了不少烦恼。

多年来被当作镇纸使用的头骨化石

寻找"过渡化石"

德国动物学家恩斯特·海克尔（1834—1919）提出了著名的重演说，认为"个体的发展不过是群体发展短暂而迅速的重演"（个体发展是群体发展的重复）。

例如，人类胎儿发育（个体发展）过程的早期，出现了与鲨鱼等鱼类的鳃相似的"鳃裂"。过一阵子，胎儿才会出现相当于动物四肢的手和脚，但手脚的形状一开始看起来就像是鱼鳍，之后会变成类似于爬虫类动物四肢的形状。直到6个月大为止，胎儿除了手心、脚心以外的地方都会长着长长的毛。虽然重演说并不一定能够成立，但的确有一些现象符合其描述。

在19世纪末时，海克尔将猿猴与人类之间的化石称为"过渡化石"（意为"缺失的环节"）。所谓"缺失的环节"，是指将生物的进化过程看作一条锁链时，锁链中缺失的一环，也就是指尚未发现的生物。他将其命名为"Pithecanthropus"（希腊语中猴子与人类的合成词，意为"猿人"）。"Pithecanthropus"这个称呼，是海克尔为总有一天将会发现的人类祖先所取的名字。那之后，海克尔一直试图寻找自己所预言的"过渡化石"。

称呼的变迁

在那之后发现的爪哇猿人，获得了"Pithecanthropus erectus"的学名，意为"直立的猿人"。

当时，猿人和原人指的是同一个意思，但自从1945年起，南方古猿被称为猿人，爪哇猿人、北京人被称为原人，两个词有了进化阶段上的区别。同时，随着原人研究的不断深入，人们发现原人很明显属于人类的一员，因此我们也不再将其称为位于猿猴和人类之间的Pithecanthropus，而是将其看作人属的一员，称呼其为直立人。

◆ 直立人（爪哇猿人）

现如今，我们认为原人之前的发展阶段为猿人，猿人之前的发展阶段为初期猿人。但直到19世纪末为止，就连爪哇猿人的头骨都被看作是类人猿，当时的人们并不认为他们属于人类。

被错过的大发现

在这一大背景下，1924年，位于南非共和国约翰内斯堡的威特沃特斯兰德大学的解剖学教授雷蒙德·达特收到了出土于卡拉哈里沙漠附近的汤恩石灰岩采石场的化石。那是一个小小的、仅存有面部和下颌的幼儿头骨和自然形成的脑模[1]。

达特好不容易才在英国本土取得了医学系助理的职位，却被派往偏远边境担任解剖学教授，心中虽然失望，但依然投身于医学教育的事业中。作为教学的一部分，他要求学生们收集灵长目的化石。有一次，有一位女学生将狒狒的头骨带到了解剖学的课堂上。达特对此很感兴趣，便联系管理狒狒头骨出土地的采掘公司，希望对方"发现了化石就寄过来"。

达特分析了收到的化石，确信这和已经广为人知的爪哇猿人、北京人一样，正是早于原人的人类化石，是联系人类和类人猿的"过渡化石"。他推测化石的年代已有200万年，取"非洲南部的猿猴"之意，将化石命名为"非洲南方古猿"，并于1925年将研究成果发表在《自然》杂志上。

---

[1]　脑壳里的填充物依照脑壳内部的骨骼结构形成的与原来的脑子外形一致的化石。

◆ 非洲南方古猿的头骨化石

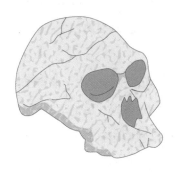

　　"非洲南方古猿"这一学名中，包含着达特对于当时南非这一远在天边的英国殖民地，能够作为人类起源之地被承认的期待。

　　然而，当时的学术界权威们却认为这不过是外行的看法，对此予以否定。权威们对于达特不来寻求自己的帮助、单打独斗地对头骨开展研究的态度，以及混用希腊语和拉丁语命名"南方古猿"这一举动也很是不满。

达特理论的归宿

　　最为重要的一点是，达特的理论和当时学术界的定论是相互矛盾的。当时学术界的定论认为，人类和类人猿是在1500万年前的亚洲产生分歧的。为此，学术界认为这个头骨属于类人猿，那之后的很多年都被达特的同事当作镇纸摆在桌上放着。

从20世纪30年代后期到40年代前期，远赴南非的医生、古生物学家罗伯特·布鲁姆接连发现了许多南方古猿。1947年，布鲁姆等人发现了完整的头骨。这一发现，同时帮助人们确定了达特发现的头骨化石也属于非洲南方古猿，明确了该化石属于人类化石。

如今，达特曾研究过的头骨对于人类学家来说已经是宝物般的珍贵资料了。

皮尔丹人伪造事件

可疑的化石

翻开手头的1956年2月出版的《地理学教育讲座：地球的形状、大小、内部构造与人类的祖先》，能够看到在"远古的人类"中"原人"一项下，有"皮尔丹人"这一条目。

这一人类化石，出土于英国萨塞克斯郡皮尔丹的更新世砾石层，被称为"道森曙人"，俗称"曙人"。化石有头骨、下颌骨，头骨很厚，眉骨隆起，和现代人非常相近，但下颌骨没有颏隆起的特征又与类人猿相似。然而，最近的研究表明，曙人标本的下颌骨属于猩猩，人们发现的标本被人动过手脚，是不足为信的。这个化石是1911年由查尔斯·道森"发现"的。然而，到了1953年，人们却

◆ 皮尔丹人头骨复制品

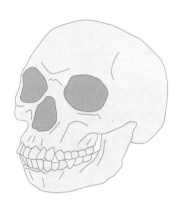

发现化石的下颌骨属于猩猩，头骨则属于现代人类，为了看起来更古老还被染了色。

为什么会发生这样的事呢？就让我们来看一看皮尔丹人的秘密是如何被揭开的吧。在人们1856年发现尼安德特人的化石之后，便有人基于人类与类人猿有着共同祖先的进化论推测，现代人类和类人猿与共同祖先之间存在着"猿人·原人"一样的物种。那时，人们还没有对猿人和原人进行区分。

然而，能够证明这一点的化石却一直没有出现，人们将进化过程中尚不为人知的阶段称为"缺失的一环"。英国的古生物学家们尤其热切地期待能在英国本土发现过渡化石。

轰动的大发现

1908年，有工人在伦敦南部60千米的东萨塞克斯郡皮尔丹砾石采石场发现了两片头骨。头骨碎片被转到律师兼业余考古学家的查尔斯·道森手上。道森继续对头骨进行研究，在1912年，他把一些骨片带到了大英博物馆地质学部主管亚瑟·史密斯·伍德沃德面前。

道森带来的头骨比尼安德特人或是爪哇猿人的头骨更大，因此被看作是现代人类的直系祖先。化石被命名为皮尔丹人，在学术界引起了巨大的轰动。

然而，随着时间的流逝，针对北京人等化石头骨的研究不断深入，人们开始对皮尔丹人在人类进化史中的地位产生了疑问。

人类的大脑变得与现代人类同样大应该是更晚的事情，在人类进化史上，只有皮尔丹人这一个例外。

1953年，科学家们在重新检查后确定，皮尔丹人化石是用现代人类的头骨和猩猩的下颌骨加工、染色制成的伪造化石。

◆发现者们与皮尔丹人头骨

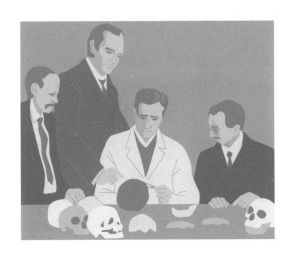

究竟是谁、为了什么这样做呢

　　伪造化石的人究竟是谁？又是为何伪造化石呢？我们完全不知道。想要骗过学术界的权威们，伪造化石是需要周到准备的。此外，还需要具备地质学、古生物学和解剖学的专业知识。

　　嫌疑人有好几个。有最初收到化石的查尔斯·道森、古生物学家马丁·辛顿等人。甚至就连创作出大名鼎鼎的夏洛克·福尔摩斯系列探案小说的作者柯南·道尔也被列为嫌疑人之一，因为他是医生，有着丰富的知识，熟悉当地的地理环境，人脉很广。动机则可能是他当时沉迷于唯灵论，而社会上对唯灵论的批判使他感到了厌恶。

长期研究此事件的国王学院的都布莱恩·加德纳从头骨的染色方法、当时的种种人际关系及金钱关系（对伍德沃德的怨恨）中，对古生物学家马丁·辛顿产生了怀疑。

决定性的证据，就是在皮尔丹人被染色的部分（猩猩下颌骨除外）检测出了大量的铁和锰，以及微量铬。这正是辛顿自己发明的染色方法。

之后，1996年5月23日出版的《自然》杂志上刊登了当时在大英博物馆工作的动物学家马丁·辛顿是皮尔丹人事件真正罪魁的消息。但我们如今依然无法判断马丁·辛顿究竟是不是幕后黑手，一切都只不过是假说。在皮尔丹人化石被证伪的1953年前后，相关人士都已去世，真相如今已难以明了。

科学的进步
识破了谎言呢!

发掘人类化石的利基家族

走向草原的猿人们

大约400万年前开始在非洲的草原上生活的猿人，随着气候干旱化日益严重，不得不面对更加严酷的草原生活。

这时，有两个人类族群分别适应了苛刻的环境。其中一个是250万至120万年前的"傍人"族群。傍人并不是全身上下都很结实，他们大而结实的是颌部和牙齿。与之相对，阿法南方古猿和非洲南方古猿则被分类为"南方古猿"。

鲍氏傍人等傍人属人类的小臼齿和大臼齿巨大，能够将干燥的豆类、草根等坚硬的食物碾烂、磨碎。他们的体格与黑猩猩差不多，面部却和大猩猩一样大。他们咀嚼食物的面积是现代人类的两倍，咬合力与大猩猩相当。

◆ 傍人（左）与南方古猿（右）的头骨

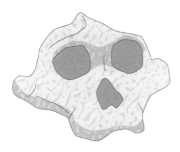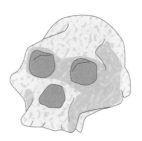

◆ 傍人复原图

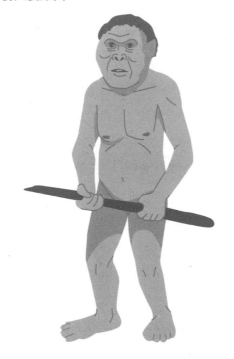

但颌部与牙齿的粗壮也导致脑容量难以增加，加之草原干旱化加剧以及环境的不断恶化，他们无法创造出足以适应变化的技术，最终没能在严酷的环境中生存下来。即便如此，在南方古猿灭绝后，他们依旧生存了上百万年。

而另一个族群，则是生活于230万至170万年前的早期的原人、能人。能人的学名"Homohabilis"意为"灵巧的人"，因为他们能够制造石质工具。脑容量从过去猿人的450—500毫升，增加到了600—800毫升。

人们认为能人是从南方古猿进化而来的。能人族群并没有进化出发达的颌部与牙齿，而是开发大脑，向提高智力的方向发展，这使得他们能够适应环境。他们的手与现代人类相似，拇指很发达，拇指与其他手指配合能够牢牢地抓住物品。他们通过使用石器，得以从动物尸体等上顺利获取多种多样的柔软食物。他们的颌部及牙齿，与阿法南方古猿等南方古猿相比也变小了。

人们能够得知这些事实，还要归功于英裔肯尼亚人"利基家族"长年累月的人类化石发掘工作。利基家族的成员有路易斯·利基（1903—1972）、他的第二任妻子玛丽·D.利基（英国人，1913—1996）、儿子理查德·利基（1944年生）、理查德的第二任妻子米薇、理查德与米薇的女儿路易丝（1972年生）。

雷托立的足迹化石

早期人类曾经直立行走在大地上的最佳证据，也许就是足迹了。

这样的足迹还留存在东非坦桑尼亚的雷托立。那是在火山喷发后不久，三个人走在火山灰上留下的足迹。火山灰凝固后，留下了一段长约23米的足迹。通过放射性碳定年法[1]测定留下足迹的火山灰的年代，得出的结论是足迹是在360万年前留下的。

当时有两个人在并肩行走，第三个人跟在他们身后。走在前面的两个人之中，高的那个大概140厘米。两个人的关系无法确定。他们究竟是一对夫妇，还是亲子呢？足迹的主人，最有可能是阿法南方古猿。

---

[1] 利用自然存在的碳 –14 同位素的放射性定年法，是用以确定原先存活的动物和植物年龄的一种方法。

◆ 雷托立的足迹化石

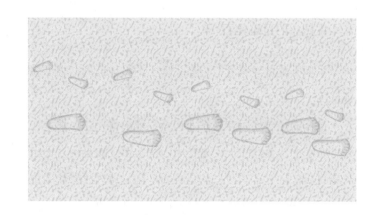

在纽约的美国自然历史博物馆的展示中，两人是一雄一雌的阿法南方古猿。他们身高与黑猩猩差不多，体表覆盖着一层毛发，但举止与走路方式都与人类十分相似。雄性的手臂拢在雌性肩上，像是在保护着她。

在日本上野国立科学博物馆的展示中，两人则以雄性牵着孩子的手的形态呈现。在这里，一个怀孕的雌性走在两人身后。究竟两家博物馆哪个是对的，哪个是错的，目前还无法确认。

团结一致的发掘调查

雷托立的足迹化石是玛丽·D·利基于1978年发现的。

1903年，路易斯·利基诞生于一个在肯尼亚宣传基督教的传教士夫妇家庭。从剑桥大学毕业之后，他开始在肯尼亚、坦桑尼亚发掘脊椎动物化石。他在那里和英国考古学家玛丽结婚，婚后，夫妻二人继续自己的研究。夫妻俩从20世纪20年代后期开始，在肯尼亚发现了大量石器。

后来，他们把视线转向了坦桑尼亚的奥杜韦峡谷。因为奥杜韦峡谷中有着保存完好的时间跨度长达数百万年的地层。

1959年，妻子玛丽在奥杜韦峡谷发现了与大猩猩相似、看起来很接近类人猿的头骨化石。玛丽立刻将这一发现告诉当时生病在休养的丈夫路易斯。路易斯顿时忘记了一切不适，和妻子一起前去挖掘化石。当时两人发现的化石，如今已经被确认为属于傍人中的鲍氏傍人。

那之后的1960年，同样是在奥杜韦峡谷，路易斯夫妇发现了另一种有着与人类相似的下颌骨和手骨的化石。1964年，他们将其命名为"能人"并公开发表。当时，他们认为能人正是人类的直系祖先，但随着研究深入至今，主流观点认为能人是更加独立的一个物种。

"利基天使"成立

路易斯·利基认为，针对类人猿的研究会极大地帮助人们加深对"最初的人类"的理解，便选择了三位女性研究员组成了"利基天使"。

她们分别是研究黑猩猩的珍妮·古道尔、研究大猩猩的戴安·福茜和研究猩猩的贝鲁特·高尔迪卡。

她们三人之间有着一个惊人的共通之处。利基选出她们三人时，古道尔是他的秘书，福茜是一位治疗师，高尔迪卡则是一位研究生院的学生，专业是人类学，完全没有生物方面的田野研究经验。也就是说，在类人猿研究方面，她们三人都是完完全全的外行。

但她们却取得了杰出的研究成果。例如古道尔，她发现了黑猩猩会使用长长的草秆插入白蚁巢穴来捕捉白蚁，也就是说，她发现了黑猩猩能够使用工具。古道尔进一步开展研究，发现黑猩猩并非草食动物而是杂食动物，还会杀婴，甚至同类相食。

和现代人非常相似的少年原人

复原的图尔卡纳男孩

利基家族的理查德·利基驾驶飞机在肯尼亚图尔卡纳湖附近的峡谷上空盘旋时，碰巧发现了一处比预想中更有可能发现化石的地方。理查德·利基立刻派遣调查队前往那里，遗憾的是，起初他们什么也没有找到。

某天午后，调查队当中很是有名的本地化石猎人卡莫亚·基梅（音译），在远离湖泊的山丘上发现了眉弓（眉毛处的隆起部分）的骨片。

调查队相信了基梅的直觉，继续在山丘发掘，接着便成功发现了大约半副全身的骨骼。化石的主人是一个9到12岁之间的少年，距今大约160万年，属于大约240万年前由猿人进化而来的直立人。

◆ 图尔卡纳男孩

皮肤呈褐色，几乎没有体毛，头发茂密，但眉毛并不旺盛。腿远远长过手臂，身材与现代人类相近。

他的身高已经有160厘米，继续生长下去也许能超过180厘米。这位少年的化石被命名为"图尔卡纳男孩"。

图尔卡纳男孩的发现，证明直立人的双腿远远长过手臂，牙齿也退化了，长相不再与黑猩猩相似，身材更接近于现代人类。他已经完全远离了丛林生活，并不是栖息于树上，已经进化出能够在草原上高效移动的身材。他的脑容量约为890毫升，长大成人的话应该略微超过900毫升。

日本上野国立科学博物馆展出有图尔卡纳男孩生前样貌的复原品。他的皮肤呈褐色，几乎没有体毛，头发茂密，但眉毛并不旺盛。和黑猩猩不同，他的鼻尖与鼻翼很突出，眼睛里也能看到眼白，嘴巴噘着。

因为生活在紫外线强烈的地区，因此他的肤色很深。为了在炎热的白天也能够充分活动，他需要通过全身的汗腺来蒸发水分、降低体温，因此几乎没有体毛。他眉弓突出，汗液不会流进眼睛，眉毛也随之稀疏。他不像黑猩猩那样面部凸出，外鼻也因而很发达。

"星之人"与"小原人"

残存在洞窟深处的大量骸骨

一般认为，能人、卢多尔夫人、直立人等人属生物，是距今300万到200万年前诞生在东非的。但是，2013年，在南非发现了肩、腰、躯干具备早期人类特征，下半身更加接近现代人类，同时具备新旧两种特征的骨骼化石。

发现地是位于南非共和国的约翰内斯堡西北50千米处的岩洞"升星"。距离入口约100米深处，有一个窄小的竖穴，人们在里面的狭小空间中发现了大量的人骨化石。发现化石的狭小空间被命名为"迪纳莱迪"（意为星星的房间）。人们在此处发现的化石总计1550多件，至少属于15个人，足以制作出完整的复原模型。

◆ 岩洞的截面图

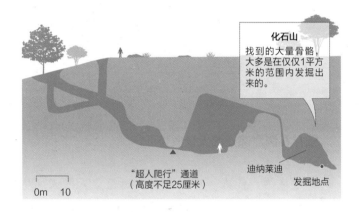

化石山
找到的大量骨骼，大多是在仅仅1平方米的范围内发掘出来的。

"超人爬行"通道
（高度不足25厘米）

迪纳莱迪

发掘地点

0m　10

　　2015年9月10日，李·伯杰博士（南非威特沃特斯兰德大学的古人类学家）等人召开记者见面会，公布了化石发现及新物种的相关消息。在当地语言索托语中，"纳莱迪"是星星的意思，兼取纳莱迪岩洞之名，将化石命名为"纳莱迪人"（星之人）。

　　纳莱迪人的脑容量仅比猿人稍微大一点，为550毫升，可能正处于从猿人向人属进化的过渡期。从纳莱迪人的指骨弯曲和胸部骨骼的形状，都能够看出与400万至200万年前的猿人有相似点。

◆ 纳莱迪人

　　化石上半身还保留着类似猿人的特征，下半身已经与现代人类很相近，伯杰博士团队认为，这次发现的人骨化石属于人属，但却是与原人不同的、独特的新种类。

　　最大的问题在于，当时他们还并没有针对这些化石进行判断年代的测定。伯杰博士团队中的许多研究者曾犹豫过是否要在测定年代前公布新发现。

　　但伯杰博士却认为"无论是什么年代的化石，这都是足以引起巨大轰动的发现"，便拍板定下了召开记者见面会。我们从中可以看出他想要尽早公布消息以引发轰动的迫切心情。

纳莱迪人究竟是什么人

2015年10月号的《国家地理》（日本版），首次图文并茂地正式介绍了这一发现。因为化石年代不明，在文章中只提及了可能性：非常古老；比露西还要"早期"的人属；250万至200万年前，也许比较稳妥；最接近我们的同伴，过去100万年以内。正因为年代不明，因此即便文章中认为"无论如何，这都将颠覆人们至今为止关于人类进化的常识"，读者也很难对此产生认同。

我的友人、科普作家药袋摩耶，曾为《牛顿》（2015年12月号）"FOCUS"栏目，撰写了对猿人研究专家、东京大学综合研究博物馆教授诹访元先生的采访，题为"引发热议的早期人类'纳莱迪人'"。

"诹访教授指出，为了追求话题性而轻易将其划为新物种，会有扭曲科学研究准确性的危险。同时，诹访教授还表示，'在非洲大陆发现如此大量的旧人以前的人类各部位化石尚属首次。同时，还发现了许多原人的尚未发现部位的骨骼，随着今后研究的不断细化深入，应该会有关于原人特征的新发现'。"

诹访教授根据如下理由，认为"（纳莱迪人）是新物种的可能性极低"，对伯杰博士等人的结论持否定意见：

1. 被认为是与猿人相似的证据的上半身特征，"肩胛骨、锁骨、肋骨都有一部分。仅凭这些骨骼就能够认为肩部、胸部的骨骼也很原始吗？我不得不感到怀疑"。关于与猿人相近的手指的弯曲一点，他也表示"仅凭手指的弯曲就轻易下判断很危险"。

2. 教授提出一个假说，"此次发现的大多数人骨都是原人尚未发现过的部位。虽然具备至今为止不为人知的特征，但这些人骨也可能只是一群原人而已"。

3. 关于脑的大小，教授认为，"和现代人类一样，原人的脑容量可能也存在巨大的个体差异和群体差异。这次发现的化石可能属于大脑较小的群体或是个体"。最为关键的年代测定还未进行，现阶段很难进行更深入的考察研究。（以上为引用）

就让我们期待，在纳莱迪人骨骼及其周边沉积层年代明确测定出来之后，科学家们能够进行更加细致深入的研究。

生活在孤岛上的小个子原人

写到这里，我不禁想起了2004年发现的、被命名为弗洛勒斯人（昵称为霍比特人）的原人，人们认为他们是"颠覆了人类进化定论的小个子原人"。他们生活在大约2万年以前，考虑到当时智人也已经到了那里，弗洛勒斯人和智人也许曾经共存。

◆ 弗洛勒斯人

在印度尼西亚巴厘岛以东，在以科莫多巨蜥闻名的小岛科莫多岛的东侧，有一个岛屿名为弗洛勒斯岛，在这里出土了弗洛勒斯人的化石。他们身高约为1米，头部大小约为现代人类的三分之一，和葡萄柚差不多大。他们能够使用精巧的石器。

他们的身材会这样矮小，是因为一种在孤岛上会发生的现象"岛屿矮态"。岛屿矮态是指在与世隔绝的小岛上，在资源有限的环境条件下，动物变得矮小的现象。

弗洛勒斯人究竟是什么人？他们是进化自爪哇猿人（直立人）呢，还是能人？专家们对此的看法并不一致，都在各自进行着研究。

2015年11月19日，日本国立科学博物馆公布了一项研究结果，通过对弗洛勒斯人牙齿的深入研究，他们已经取得了重要证据，能够证明弗洛勒斯人是从身高1.7至1.8米的爪哇猿人或其近亲进化而来的。这也证明了，在人类进化史上，存在着体形、大脑急剧缩小的现象。

我们曾经有过很多同伴呢！

消失的北京人化石

人属

现代人类和已经灭绝的一些古代人类共同组成人属。早期的原人·能人，大约在180万年前进化为中晚期的原人·直立人。

如今，我们一般认为南方古猿是能人的祖先，而将傍人从南方古猿的分类中剥离出来，将其看作是卢多尔夫人的祖先。

爪哇猿人和北京人被分类为直立人。最初被发现的直立人是爪哇猿人的化石，发现者是荷兰人尤金·迪布瓦，时间是1981年。爪哇猿人的脑容量约为900毫升。格鲁吉亚的德马尼西也出土了直立人的化石，年代是175万年前。格鲁吉亚是与土耳其接壤，位于亚洲和欧洲交界处的国家。这个化石被研究者分类为从直立人中独立出来的匠人。

原人大约于250万年前诞生于非洲，在180万年前走出了非洲，扩散到了欧洲和亚洲。

北京人化石

在中国，人骨化石和哺乳纲动物的化石被用作中药材，以"龙骨"之名销售。而这些化石的出土地，是位于北京西南方的周口店。在这里，在大量哺乳纲化石中混杂有古代人类的臼齿。20世纪20年代，研究者开始在此开展正式的调查，并在周口店的山洞里发现了北京人的化石。

之后，在周口店总共发掘出了包括大量头骨在内的大约40具北京人的化石。此外，还发现了他们使用石器和用火的痕迹。关于周口店留下的用火痕迹，虽然也有不同看法，但在中国的其他遗迹中，也发现了相当大量的烤过的骨头、木炭、灰烬等痕迹，可以判断原人的确是能够使用火的。北京人化石的脑容量约为1000毫升。在中国各地也发现了许多直立人化石，他们生活的年代大约是距今80万至20万年前。

化石失踪之谜

发掘出的包括大量头骨在内的大约40具北京人的化石，于1941年12月太平洋战争爆发后日本偷袭珍珠港的第二天下落不明，直到今天也没有找到。

化石在消失前一直保存在北京协和医院的保险柜中。从事化石研究的人类学家魏敦瑞鉴于当时的世界形势，判断协和医院作为保管化石的场所已经不再安全，提出要将北京人化石转移到美国去。

北京人头骨5件、头骨残片15件、下颌骨14件、锁骨、大腿骨、肱骨、牙齿等，共计147块化石，用镜头擦拭纸及棉纸包裹后装进木箱里运往美国驻华大使馆。化石在这之后便下落不明。

关于化石丢失的可能存在多种说法，"将其运往美国的船只沉没了""由某人保管着""木箱埋藏之地已经建起了巨大的建筑，无法发掘"等，众说纷纭。

例如，"由某人保管着"一说是因为在1970年曾有一位居住在纽约的女性给正在寻找北京人化石的科学家克里斯托弗打来一个电话，声称自己的丈夫"生前保管着北京人的化石"。哈佛大学的某位教授鉴定了该名女性提供的照片，确认照片中的确是下落不明的北京人化石，但之后，该名女性便失去了联系。

1991年，美国海军军官、历史学家布朗先生收到了因北京人化石失踪而被问责的弗里博士寄来的信，信中称与保管着北京人化石的女性再度取得了联络，但弗里博士在1992年的秋天去世了。

即便如此，人们却已经能够确定北京人化石的确存在，是因为北京协和医院的客座解剖学教授、德国人魏敦瑞在化石消失前已经留下了详细的记录与研究成果，并留下了精致的标本模型（复制品）。

"二战"后，人们继续在周口店的山洞里进行发掘工作，发现了一些北京人的骨骼和牙齿。

尼安德特人的真面目

德国发现的人骨化石

尼安德特人出现于数十万年前，直到大约3万年前一直都生活在西亚和欧洲。智人（新人）移居到欧洲是大约4万年前的事情，因此这两种人类在大约1万年的时间里是生活在同一片区域的。尼安德特人在初期猿人、猿人、原人、旧人、新人的分类中属于旧人。

尼安德特人因其化石于1856年出土于德国杜塞尔多夫郊外尼安德特山谷的洞窟里而得名。1859年，达尔文的《物种起源》一书面世后，人们不仅研究德国发现的人骨化石，而且对世界各地发现的化石都开展了研究。

尼安德特人和现代人类的体格几乎相同，脑容量约为1500毫升，这也和现代人类的脑容量差别不大。但他们的头顶比现代人类要低，眉弓突出，后脑勺向后突出，也有着属于原人的特征。

人们有时认为尼安德特人的性格偏于凶恶的原始人，有时又认为他们风度翩翩，不同时期对他们的印象不尽相同。在1909年的英国周刊报纸上，尼安德特人被描绘成毛发茂密的凶猛原始人。

行走在纽约的尼安德特人

到了20世纪第一个10年，法国的古生物学家马塞林·布列通过研究尼安德特人的骨骼，复原出了弯着膝盖、佝偻着腰、行动迟缓的尼安德特人形象，这也导致人们的脑海中留下了深刻的"尼安德特人就是愚钝"的印象。

布列因为尼安德特人脑容量虽大但眉弓发达（眉毛部位像是遮阳棚一样向外凸出）而认为他们与黑猩猩更接近，还将年迈尼安德特人骨骼上因年龄增长带来的变化，误以为是尼安德特人原本的特征。当时南方古猿尚未被发现，对于爪哇猿人的看法也还在讨论过程中，可以说布列会有这种看法也是难免的。

1957年，美国解剖学家斯特劳斯重新研究了布列当年研究过的化石，公布了布列的复原是错误的这一消息。尼安德特人和我们走路姿势一样的事实终于明朗。

斯特劳斯在其论文中总结道："尼安德特人要是洗好澡、理了发、刮干净胡子、戴上帽子，那么在纽约的地铁里不会有任何人留意到他。"

不仅如此，还有研究者声称尼安德特人才是智人的祖先，学界对尼安德特人的评价发生了巨大的变化。在那之前，一般认为人类是按照初期猿人、猿人、原人、旧人、新人的顺序进化而来的。也就是说，旧人的祖先是原人，新人的祖先是旧人。

◆ 尼安德特人形象的变化

人们过去以为尼安德特人是智人的一个亚种，如今已经把尼安德特人看作和智人不同的人种。我们之所以能够明确这一点，是因为在1997年之后，研究者们从多具尼安德特人的化石中提取出了线粒体DNA，并将其与现代人类的DNA序列直接比较。两者的DNA有着明显不同，要产生这种不同，需要55万年到69万年的时间。因此，在今天，人们认为尼安德特人和智人是分别从原人进化而来的。

　　如此一来，又产生了新的问题。尼安德特人和智人曾经共存了长达约1万年的时间，智人一直存活到了现在，而尼安德特人究竟是为何灭绝的呢？他们给我们留下了一个巨大的谜团。

了解尼安德特人的内心

能够使用火的人

尼安德特人究竟过着什么样的生活呢？没有明确证据显示他们会建造房屋并居住其中，因此推测他们应该是生活在山洞里的。与化石同时发现的往往还有石器，其中还可见到用于烧火的炉子，炉子边上还能看到散乱的动物骸骨。看来，他们是居住在山洞或者岩石遮蔽处，或吃或睡，还会制作石器。

过去人们以为对火的利用是从北京人开始的。但在重新调查发现北京人化石的周口店山洞后，有人认为过去被看作是烧火后残留的灰质层，实际上可能是居住在山洞中的蝙蝠的粪便沉积层。

如今，人类用火的最为有力的证据，出现于2012年在南非共和国发现的奇迹洞（Wonderwerk Cave）。人们在深140米的山洞里发现了火炉的痕迹、经500℃左右加热过的植物灰烬和被烤过的骨片。从同时发现的石器和地层可以判断出，这是大约100万年前直立人使用过的痕迹。

而大量发现人类使用火的明确证据，则是从尼安德特人的时代开始。物体起火，也就是燃烧，是人类所知的最古老的，也是最为重要的化学变化。起初人类见到的是打雷造成的山火等自然中的燃烧现象，之后，人类开始学会通过木棍之间的摩擦、石头两两敲击来生火。

我们目前还不知道尼安德特人究竟是如何生火的，也不清楚尼安德特人用火的具体用途究竟是在山洞里用炉子生火做饭，还是为了保护自己免受食肉动物侵害。

尼安德特人会把同伴埋在墓地吗

我们还没有找到原人会埋葬同伴的证据。但即便在普遍认为尼安德特人很野蛮的20世纪初，人们也还是承认尼安德特人是有墓地的。因为当时已经发现了被埋葬的遗体。

但最近却有研究者对尼安德特人埋葬同伴抱有疑

问，他们认为被埋葬的尼安德特人可能是在山洞中自然死亡的。

　　研究人类进化的日本学者奈良贵史先生在《尼安德特人之谜》一书中认为，虽然也存在自然死亡的情况，但承认尼安德特人存在埋葬同伴的行为比较妥当，因为在不少例子中，除了有人挖出具有一定深度的墓穴并将遗体埋葬以外，不存在其他可能的解释。

　　在发现尼安德特人化石的石灰岩洞穴里，即便使用石器，想要挖出一个新的坑穴也是一件非常费时费力的事情。与其这样，将遗体直接丢到洞穴外面，自然有动物迅速帮助处理掉遗体。尼安德特人为什么没有这么做，而是特意挖出一个墓穴来呢？根据奈良先生的推测，"他们也许对死亡有着某种特殊的情感，可能已经产生了无法眼睁睁看着同伴遗体逐渐腐败的心理"。

尼安德特人的情感

　　在伊拉克的沙尼达尔洞穴中发现的人类化石，经确定只有一只眼睛和一只手臂。这并非他的死因，他是长期以一只眼睛、一只手臂的状态生活的。这样的身体残障是无法独自生活的，那么他的食物应该就是由其他人提供的。也就是说，尼安德特人有着照顾残障人士的精神。

之后，在东非的图尔卡纳湖畔遗迹里，也发现了患有疾病——"维生素A过多症"或称"雅司病"（热带莓疮）——但仍存活了一段时间的女性直立人。她很可能也受到了同伴的照顾。

看来人类自古以来便有着对同类将心比心的情感。

在人类之外的各种哺乳纲动物身上，也出现了只可能被看作是哀悼同伴死亡的举动。黑猩猩的母亲会照看患有重度先天性残疾的黑猩猩幼儿长达近两年之久。关爱同类的感情可能在其他哺乳纲动物身上也部分存在。

传承至今的线粒体夏娃

所有人都和一位女性有关

古人类的研究，不仅包含对出土化石的研究，近年来，对DNA的分析也在普遍开展。现代人类（智人）的直接祖先可能是大约20万年前生活在非洲的一个集团。

这一结论的有力支撑便是"线粒体夏娃说"。1987年，美国分子生物学家艾伦·威尔逊等人在《自然》杂志上发表的论文使"线粒体夏娃"一词广为人知。他们从世界不同地区和民族共计147人的胎盘上提取线粒体并分析其DNA，认为几乎所有属于智人的现代人类，都是大约20万年（15万±4万年）前一位非洲女性的后代。

报道这一论文的新闻记者，将这位女性命名为"线粒体夏娃"。在基督教的《圣经》中，所有人类都是上帝创造的最初的人类——亚当和夏娃的子孙。如果所有身为人类的智人都有一个共同的母亲，那么称她为夏娃就再合适不过了。

线粒体DNA增加的机制

线粒体是细胞制造能量的细胞器，储存遗传信息的DNA大多位于细胞核和线粒体中。

◆ 线粒体

◆ 线粒体DNA在生殖过程中的遗传方式

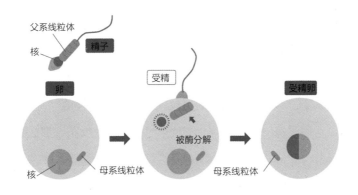

我们在出生的大概270天之前，是直径约0.1毫米的受精卵，只不过是一个细胞。受精卵由女性的卵子和男性的精子结合而成。当在母亲体内的细胞生成时，卵子内就已经存在线粒体了。卵子和精子结合成为受精卵后，线粒体也会被直接保留。换言之，受精卵中的线粒体和母亲细胞中的线粒体是相同的。

而精子中来源于父亲的线粒体在受精时进入卵细胞后会被分解。父亲的线粒体DNA不会遗传给孩子，诞生下来的孩子体内的线粒体，全都是来源于母亲。

通常，基因（核DNA）是从父母双亲身上获得的，但线粒体DNA只有母亲会传给孩子，因此可以通过研究线粒体DNA追溯母亲的谱系来寻找祖先。

比如说，无论大家有几位兄弟姐妹，大家都是从母亲那里获得线粒体DNA的。母亲的线粒体DNA，也是从她的母亲那里获得的。也就是说，只要线粒体DNA不发生突变，那么大家拥有的线粒体DNA就是一样的。

假设每一位女性都生下两个男孩和两个女孩，那么和母亲有着相同线粒体DNA的女性每一代都会翻番。男孩也能够遗传母亲的基因，但却不会发生线粒体遗传。

如果每位女性都在15岁左右生子，那么在线粒体夏娃诞生仅仅150年后，和夏娃拥有相同线粒体DNA的后代便会有差不多2000人。15万年里，便会诞生两倍于2的1万次方的后代。从人口上来考虑，当今的所有人类都来源于同一个祖先，这一理论在数学上是没有任何矛盾的。

线粒体的突变

线粒体DNA很容易突变，因此存在着许多种类，个体差异也很大。通过研究线粒体DNA可以发现，个体差异种类在非洲人、欧洲人和亚洲人的群体里都是不同的，种类越多，说明突变次数越多，也证明这个群体越古老。

我们之所以判断线粒体夏娃是非洲人，是因为研究发现非洲女性的线粒体DNA种类很多，欧洲人和亚洲人的个体差异种类则较少，可以判断诞生得比较晚。

通过突变积累的总量来推算线粒体夏娃存在的年代，得到的结果是距今16万±4万年前。

不过，虽然如今的所有人类都是线粒体夏娃的后代，但这并不意味着在她生存的年代只有亚当和夏娃两个人类。在夏娃生活的地区，可能约有1万名智人存在。

他们应该就是日后遍布全世界，形成各类人种的现代人类的祖先。

活在我们体内的尼安德特人

分析尼安德特人的DNA

截至2006年，分析DNA的仪器——新一代测序仪（第二代测序仪）投入使用，能够同时对数千万个随机切分出的DNA片段的核酸序列进行分析。过去的测序仪只能分析线粒体DNA，而新一代测序仪还能分析核DNA。

2010年，研究者公布了一项研究成果：通过对三个尼安德特人开展DNA分析，复原出了他们基因组（所有遗传物质的总和）的大约六成信息。将非洲人、欧洲人和亚洲人的基因组与尼安德特人对比分析，结果显示，尼安德特人与非洲人的基因组在种类上有着巨大差异。

过去，科学家们推算尼安德特人和智人的分歧点大约在80万年前。而线粒体DNA的分析结果显示分歧点在60万年前，结果相当接近。

◆ 走出非洲的智人前往世界各地

　　如果尼安德特人的确是在这一时期和智人产生分歧的话，非洲人、欧洲人和亚洲人的基因组与尼安德特人基因组的差异应当差不多。但实际上，非洲人、欧洲人和亚洲人中，只有非洲人与尼安德特人有很大差异。假设走出非洲的智人在那之后和尼安德特人混血，并前往亚洲和欧洲生活的话，便能够解释这个现象。如此一来，欧洲人和亚洲人在非洲人之外还继承了尼安德特人的DNA，所以彼此之间的差异会更小。

通过这一发现，我们可以认为尼安德特人并没有灭绝，而是将DNA留存在我们现代人类体内了。

在不久前，人们还普遍认为"走出非洲的智人驱逐了尼安德特人和原人的后代，占领了全世界"，但到了现在，我们已经有必要对非洲起源学说进行部分修正了。

2014年开展的高精度尼安德特人DNA分析证明了，即便考虑到个体差异，在现代人类体内还是遗传了1%—3%的尼安德特人基因。日本人也有百分之几的尼安德特人基因。

丹尼索瓦人的存在

和智人混血的古代人类不仅只有尼安德特人。2008年，在俄罗斯西伯利亚的"丹尼索瓦洞穴"里，发现了很小的骨骼碎片。根据放射性碳定年法测定，这是4万年前的化石。在2010年开展DNA分析时发现，这具化石与尼安德特人、智人都不相同，便被命名为"丹尼索瓦人"。丹尼索瓦人曾在长达数万年的时间里和尼安德特人、智人共存。

欧洲或东亚的智人并没有得到丹尼索瓦人的DNA遗传，但东南亚原住民、巴布亚新几内亚和澳大利亚原住民身上带有5%左右的丹尼索瓦人的基因片段。这些地区的原住民是最初来到东南亚和澳大利亚的智人的后代，可能他们和已经生活在那里的丹尼索瓦人产生了混血。

混血带来的结果

就这样，智人在6万至7万年前开始"走出非洲"、走向全世界的简单构想土崩瓦解。尼安德特人、丹尼索瓦人和智人在大约80.4万年前从共同祖先产生分歧。在大约60万年前，尼安德特人和丹尼索瓦人产生分歧。

与此同时，智人经历6万至7万年前的走出非洲时代，在数万年前在世界各地扎根栖息，虽然分为非洲人、亚洲人、欧洲人、美拉尼西亚人，但除了非洲人以外，都是智人和尼安德特人或丹尼索瓦人的混血。

混血使得智人获得了不同的基因，其中也包括有利于生存的基因。例如，有学说认为智人从尼安德特人身上继承的DNA能够提高免疫力。

如今，在我们现代人类内部并不存在足以分出种或亚种的差异，也有人类学家认为"把人类按照人种分类是没有生物学依据的"。因此，所谓的人种是将身为同一种生物的人再进一步细致划分的概念，是人类学家根据人类的体格、皮肤颜色、毛发等能够遗传的身体特征划分的。例如，鸡被认为创造出了许多品种，这些品种就相当于我们所谓的人种。

人种的区别是不同人类群体彼此独立繁衍的结果，同时受到地理环境的影响，长年累月下来便以特征的形式呈现，能够为人所区别。

必须提醒大家的是，以肤色、瞳孔颜色等特征作为划分标准，将人类分为不同种类的人种概念，在现今生物学领域有观点认为这是无效的。从针对人类的基因组分析来看，各个人种的基因组成也并无差别。

日本人的三个祖先

绳纹文化和弥生文化

大约1.5万至1.2万多年前居住在日本的人类会在陶器表面留下绳纹式花纹，因而得名绳纹人。他们主要以狩猎、采集为生。

在大约2300年前，出现了与绳纹人有着不同文化、不同生活方式的人类，被称作"弥生人"。弥生人一名来源于他们留下的陶器被发掘出的地名（东京都文京区弥生町）。他们有着水田耕作文化并能够使用金属工具，以农耕为生。

现如今，日本人在评价一个人的容貌时，经常用到绳纹脸和弥生脸这两种说法。

绳纹脸一般脸形方正，眉毛、胡须浓密，双眼皮，眼睛大，鼻子大，嘴唇丰厚，多见于印度人和菲律宾人。

弥生脸则是脸形瘦长，眼睛小，单眼皮，鼻子和耳朵都很小，薄唇，面部比较平，是蒙古人的典型长相，属于亚洲北部的常见长相。

绳纹脸和弥生脸与日本人祖先的来历有关。

日本人的祖先分为两类：一类是在距今约3万年前，从亚洲大陆或东南亚移居来的绳纹人；另一类是在绳纹人之后大约2300年前通过朝鲜半岛从九州北部附近来到日本列岛的弥生人。绳纹人和弥生人原本都是从非洲来到亚洲的智人的后代。

最初来到日本列岛定居的是早期的原始蒙古人种，也就是长着绳纹脸的绳纹人。在2000多年前，出现了有着与绳纹文化不同、被后世称作弥生文化的弥生人。在这里我们把生活在弥生时代的弥生人称作舶来弥生人，原本生活在日本的绳纹人的后代称作既有弥生人。舶来弥生人的长相是现代日本人中常见的长相，也就是所谓的"弥生脸"。

舶来弥生人的祖先和绳纹人的祖先一样，是4万年前从非洲来到亚洲的智人。他们的长相本来也应该是绳纹脸的，究竟为什么会发生变化呢？

南下来到日本列岛的人们

4万年前从东北亚来到西伯利亚的智人为了能够在天寒地冻的土地上生存下去，进化为能够防止发散体温的躯干长、双腿短的身材，面部为了减少突出也进化得扁平。他们的皮下脂肪变厚，眼皮只有一层，在寒冷的地方眉毛和胡须容易结冰，因此他们的眉毛和胡子也变得稀疏。他们在很短的时间里就适应了极度严寒的气候。

但这些人在6000年前陆续开始南下。南下的原因目前还不明了，但原因之一可能是气候变化和乱捕乱猎导致驯鹿等猎物减少了。一种很有力的观点认为，他们经过中国和朝鲜半岛来到了日本，成了所谓的舶来弥生人。

从九州北部登陆的这些弥生人在日本本土的势力越来越强大，原本居住在日本的绳纹系人类可能被驱逐到了北至东北、北海道，南至九州南部、冲绳等地。弥生人的影响力难以触及北海道，而琉球群岛受到弥生人影响很晚。近年的DNA分析结果显示，生活在北海道的阿伊努并不仅仅是绳纹人的后代，也受到了鄂霍次克人的影响。

在人口增加到一定程度以后，弥生人开始逐渐和绳纹人的后代融合。在对如今的本土日本人（除冲绳人和阿伊努人以外的日本人）、舶来弥生人、关东绳纹人的DNA分析结果进行比较后发现，本土日本人最常见的祖先，同时也是弥生人最常见的祖先。

日本民族最开始起源于绳纹人，但又根据受到舶来弥生人影响程度的不同，可以分为受到舶来弥生人深刻影响的本土日本人、受到绳纹人深刻影响的阿伊努人、受绳纹人和弥生人影响程度相当的琉球人三类。

消失的明石原人

过去我们提到日本最古老的人类，那便是1931年在兵库县明石市西八木海岸一处因海浪汹涌而崩塌的悬崖下发现的人类左髋骨。发现者是一名普通的日本人直良信夫。

他请东京帝国大学（现东京大学）的专家对化石进行鉴定，专家在制作石膏模型开展研究准备工作后，却以不明详情为由返还了化石。直良认为化石属于旧人，但并没有获得认可。也有人认为化石并非来自发现地悬崖的更新世地层里，而是从塌陷的墓地里掉落的，但这一点也没能得到证实。第二次世界大战时，原化石于1945年5月25日在东京大轰炸中被损毁。

到了1947年，东京大学的长谷部言人看到留在人类学教室的石膏模型，认为它属于原人，并将其命名为"Niponanthropus akashiensis"，或称明石原人。这一发现极大地鼓舞了当时的人们。

然而，到了1982年，东京大学的远藤万里和日本国立科学博物馆的马场悠男证明，这个化石并非原人或旧人，而是新人的骨骼。同为直良在栃木县葛生发现的被称为葛生原人的10件骨骼，其中一半是动物化石，人骨也很新。

马场悠男对此做出了如下评价：

"我们把前辈们过去发现的几乎所有被看作是原人、旧人或是旧石器时代新人的'化石人骨'都在学术上加以埋葬。这些化石曾经是许多地区、乡镇振兴经济的宝贵资源，我们也因此多少遭到了怨恨，这也是没办法的事情。但至少，我们身为后辈，将前辈们并非捏造而是判断错误的结论加以修正，发挥自净作用，那么从学术伦理的角度来看还是健康的。我们如今的判断，也许有一天也会在学术上被否定。"

如今，日本发现的人骨中，直接开展年代测定后确定的最为古老的化石，是2008年在冲绳县石垣岛山洞里发现的。专家推测大约2万年前有人在此生活过。在这处化石被发现之前，最早的化石是静冈县浜松市浜北遗迹的浜北人，大约生活在1.8万至1.4万年前。

语言和工具加速了人类的进化

使用工具的动物们

过去，人们认为只有人类才能使用工具。但到了今天，我们已经知道人之外的一些动物也能够使用工具。

例如，乌鸦。栖息在南太平洋新喀里多尼亚的新喀鸦，能够钓虫子。它们用喙叼着细树枝，伸进树木的洞里，吸引洞中的幼虫咬住树枝，再把树枝取出。

它们还会用带刺的树叶把植物缝隙中的食物刮出来。不仅如此，这个工具还是新喀鸦亲自制作的。它们会从树枝上摘下叶子，削尖叶片，用喙剪切叶片。在食物匮乏的环境中制作工具的文化，在新喀鸦中存在亲子传承现象。

◆ 剖油棕种子的黑猩猩

更为有名的例子就是黑猩猩。黑猩猩爱吃蚂蚁幼虫和白蚁，它们想吃的时候，会摘下手边的草梗，插进蚁穴里，之后舔食粘在草梗上的幼虫。如果手边正好找不到草梗的时候，它们会在远离蚁穴的地方找到草梗，切割成合适的长度来使用。第一个发现的人称这种行为为"钓蚂蚁"。

此外，黑猩猩还会用树枝来确认树木洞穴中是否有树蜜；会用树叶来擦拭身体；为了剖开油棕的种子，把一对石头分别用作锤子和工作台。

从本能到学习

　　鸟的筑巢行为是一种本能行为。本能行为指的是受到遗传影响，与生俱来的行为。比较有名的例子是蜜蜂向同伴转告花蜜所在地时的舞蹈。

　　而黑猩猩则是会每天都在目的地用树叶和树枝筑巢休息。但黑猩猩幼儿并不擅长筑巢，它们通过观察、记忆母亲筑巢时的动作，模仿后才能够顺利筑巢。这是一种社会中的学习行为的结果。

　　钓蚂蚁也是同样，对于4岁以下的黑猩猩来说是一件很困难的事情。随着大脑发育，它们通过学习行为学会钓蚂蚁，可以认为黑猩猩在某种程度上摆脱了本能。

　　像黑猩猩这样，即便是四肢行走的动物，也能够制作并使用简单的工具，那么在地面上直立行走的人类会制作工具，可以说是理所当然的事情。

用于制作工具的工具——初级工具的重要性

　　让我们来看看大约200万年前，东非猿人的同伴们所使用过的简单石器吧。他们用石质的锤子敲打用于制作石器的石头，制成了有着锐利刀刃的石片。这种可以被称为"小刀"的石片能够用来切割物体。

他们不需要用手去摘，也能更加轻松地采集果实，还能在挖掘植物根茎时削尖木棒，让采集食物更加高效。

黑猩猩钓蚂蚁的工具和这件石器相比，最大的不同就在于黑猩猩是用自己的手指、牙齿来制作钓蚂蚁的木棍，而人类则是用另一块石头当作锤子来制作石器。"用于磨砺石头的石头"，这种用于制造工具的工具，被称作初级工具。

◆ **石器制造与初级工具的发展**

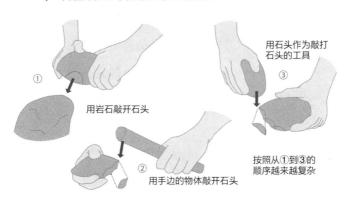

① 用岩石敲开石头

② 用手边的物体敲开石头

③ 用石头作为敲打石头的工具

按照从①到③的顺序越来越复杂

黑猩猩制作钓蚂蚁的木棍之后，立刻就可以用它来捕食蚂蚁。但初级工具在制作完成后，并不能直接用于获取食物。在制作石器时，需要找到相应的材料，并且规划好接下来将要制作的石器的形状、制作程序，之后还需要实际动手加以研磨。

制作石器，需要人类具备预测自己行为结果的能力、规划能力、统筹一连串打磨程序的能力。

这就需要人脑，尤其是人的大脑的高度发展。大脑的发达与工具制作、工具使用之间存在着相互作用的关系。

人类从何时起使用语言

人类开始直立行走后，头部的位置便处于脊柱的正上方，鼻腔与口腔到咽之间的角度也随之变为直角。声音产生共鸣的咽下垂延伸，空间变大，舌头的活动范围也变大了。

类人猿的咽很狭窄，只能发出"啊""呜"这样的元音，无法共鸣发出辅音。

初期猿人的咽虽然变大了，但目前还不清楚他们是什么时候学会说话的。关于尼安德特人究竟能发出多少声音，目前也是众说纷纭。目前的结论是，尼安德特人与语言能力相关的骨骼、大脑构造和现代人类相同，即使能够说话也丝毫不奇怪。

在这里，就让我们通过了解与语言能力密切相关的另一种行为的起源，来间接研究语言的起源吧。

有许多研究者会把现代人类语言能力发达的起源，同大约4万年前开始出现的包括艺术在内的抽象思维的发展联系起来研究。我们通过当时人类所描绘的壁画，可以想象当时的他们通过伴随语言能力而生的创造力来沟通大自然、思考大自然。

但也许人类使用语言的历史要更加久远。制造石器的人类，需要能够选择材料、考虑目的、想象不存在于眼前的物体的能力。制造石器不仅是人类适应环境的一种手段，还促进了人类抽象思考的能力。同样，在语言使用方面，说话的人也必须能够具备描述当前不在场的物体的能力。制造石器和使用语言有着共通之处。

想要弄清楚人类究竟是在什么时间开始使用语言的，是一件非常困难的事情。

人类学会了
如何制作用
于制作工具
的工具。

Part 2

激动人心的进化成人之路

Ape

P/T

Tupaia

五根指头是从原始两栖动物开始出现的吗

植物的繁荣与动物登上陆地

我们脊椎动物的祖先，最早能够追溯到泥盆纪（4.16亿至3.59亿年前）。泥盆纪时的地球，海洋中的光合生物释放出氧气，大气中的氧气不断增加。以氧气为基础，成层圈中形成了臭氧层。臭氧层能够吸收会对生物产生刺激及伤害的紫外线。臭氧层形成后，陆地也具备了生物栖息的条件。

最初，苔藓类植物和蕨类植物来到了陆地。植物繁荣生长后，大气中的氧气浓度进一步升高，使得动物也能够登上陆地来。首先出现的是昆虫类和蜘蛛类动物。

到了泥盆纪末期，我们的祖先陆生脊椎动物（四足类动物）登场了。

一般认为，陆生脊椎动物是从硬骨鱼纲中的内鼻孔亚纲（包含总鳍总目和肺鱼总目）进化而来的。内鼻孔亚纲的鳍很发达，一部分肠进化成了肺。如果在水中，身体承受的重力和浮力能够相互平衡，但在陆地上，为了平衡重力就需要能够支撑身体、便于移动的四肢。不仅如此，在水中呼吸的是溶于水中的氧气，但在空气中想要吸收氧气就必须拥有肺。

人们已经发现刚刚登上陆地的古代两栖纲动物的化石有棘螈和鱼石螈。根据化石分析可知，它们的胸鳍进化为前肢，腹鳍进化为后肢。在当时温暖且易干燥的气候之中，它们也许就是利用四肢从将要干涸的湖沼移动到下一个湖沼。

人类本来会有七根手指吗

让我们来看看自己手肘到手腕的骨骼吧。

手肘到手腕之间有两根骨头，靠近拇指的叫桡骨，另一根叫作尺骨。从手腕到指尖，靠近手腕处有三块骨头，接着还有四块骨头，然后就是五根指骨。上臂处只有一根骨头，从上臂到指尖，按照一、二、三、四的顺序，骨头数量逐渐增加，最后是五根手指。骨骼的配置非常巧妙。

◆ 人类的手臂和猫的前腿骨骼

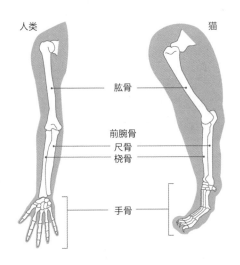

人类　　　　　　　　　　　　　　猫

肱骨

前腕骨
尺骨
桡骨

手骨

　　如果你养猫的话，再让我们来看看猫咪前腿的骨
头。猫咪前腿的骨头数量、分布也和人类一样，后腿也
几乎相同。

　　骨骼的这种分布，可以追溯到刚刚登上陆地的古代两
栖纲生物。人们对鱼石螈的研究已经非常深入，它们的趾
头数目并不固定，一部分鱼石螈甚至会有七根指头。

◆ 鱼石螈

全长约1米

　　"Ichthyo"是"鱼"的意思，在泥盆纪的陆地上，它们应该是摇摇摆摆、步履蹒跚地走着吧。最终，生活在陆地的多种鱼石螈之中，有一种五趾的鱼石螈在某个时间点适应了环境，从伙伴之中脱颖而出，成为之后陆生脊椎动物的祖先。四肢骨骼的基本构造中的五根指头也就此确立下来。

　　这种基本构造绵延数亿年，被两栖动物纲、爬行动物纲、鸟纲和包括我们人类在内的哺乳动物纲继承下来。如果七根趾头的鱼石螈是我们的祖先的话，我们的手指可能也会有七根。

恐龙的指头有三根，马是奇蹄动物，蜘蛛猴科、疣猴亚科的手指是四根，但这些动物的指头原本都是五根，经研究发现了它们指头退化的痕迹。目前有说法认为，"熊猫的手指有七根"，但其实只有五根，只不过手腕处的骨头退化了，能够像手指一样活动而已。

　　动物手足的原型不仅仅是腔棘鱼目的鳍。观察各种化石可以发现，在古生代的腔棘鱼目（总鳍总目）的鳍的根部骨骼上已经出现了手的原型。腔棘鱼目的胸鳍上有相当于人类肱骨的一根骨头连接着相当于人类桡骨、尺骨的两根骨头，然后是支撑起鳍的数根条状骨头。

◆ 腔棘鱼目的鳍骨

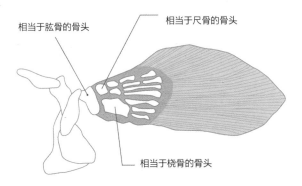

相当于肱骨的骨头　　相当于尺骨的骨头

相当于桡骨的骨头

总鳍总目的鳍骨就是手足的起源，在其后数亿年的进化过程中，进化为恐龙的四肢、鸟的双翼、鼹鼠和蝙蝠的奇妙前肢，还有黑斑羚和斑马善于奔跑的四肢、狮子可怖的前肢，最终成为人类制造工具的双手，诞生了多样多彩的肢体形态。

　　后来，陆地成了两栖纲动物的天下。在大约3.5亿年前，古代两栖纲进化出了蝾螈、青蛙等多样的两栖纲动物，两栖纲进入了繁荣的时代。到了古生代的石炭纪（3.59亿至2.99亿年前）又诞生了原始爬虫类动物。

在离开水的时候进化出了肺

随着大陆板块漂移，水源减少

继两栖纲之后，在古生代末期的石炭纪又诞生了爬虫类动物。

在这一时期，大陆板块之间相互靠近、挤压，劳亚古陆[1]和冈瓦纳古陆[2]两块大陆拼合在一起，两块大陆继续挤压，形成了泛大陆（古大陆）。大陆的面积越来越大，陆地上与海洋相接的地方也随之减少，其后也逐渐转为大陆性气候 —— 空气越来越干燥，气温日较差和年较差越来越大。

---

[1]　推测存在于北半球的古大陆，又称北方大陆。
[2]　推测存在于南半球的古大陆，又称南方大陆。

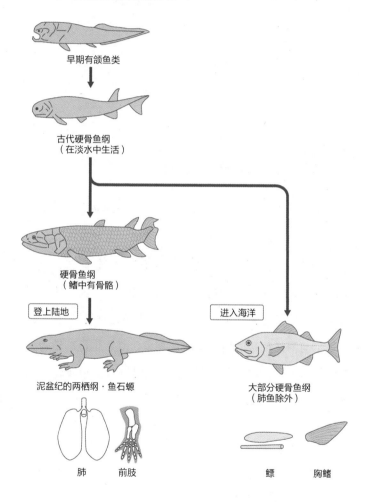

◆ 脊椎动物来到陆地

早期有颌鱼类

古代硬骨鱼纲
（在淡水中生活）

硬骨鱼纲
（鳍中有骨骼）

登上陆地

进入海洋

泥盆纪的两栖纲·鱼石螈

大部分硬骨鱼纲
（肺鱼除外）

肺　　前肢

鳔　　胸鳍

这种气候条件对于两栖纲动物来说太严酷了，两栖纲动物的皮肤很薄，需要时刻保持湿润，才能通过皮肤呼吸，在干燥环境下皮肤就变得很脆弱。两栖纲的胚胎被琼脂状物质包裹，在水中能够保持充足水分，但一旦脱离水源便会立刻干涸。

两栖纲动物的数量越来越少，但其中有一部分生物的身体构造适应了环境，进化成为新的物种。那就是具备可以远离水源生活构造的原始爬虫类和单孔亚纲。

在干燥环境生存下来的条件

原始爬虫类和单孔亚纲拥有三个和必须生活在水边的两栖纲动物完全不同的身体构造。

第一，是一生都能够通过肺来呼吸。它们不像两栖纲那样在幼年时生活在水中，不需要一定居住在水边。

第二，是它们的皮肤与两栖纲不同，呈厚鳞片状，水分很难通过。这层皮肤能够帮助它们防止体内的水分蒸发，同时还能够保持体温。

第三，是它们的卵被壳包裹，耐干燥。爬虫类通过体内受精的方式，将胚胎用羊膜和卵壳保护起来从而产卵。这也就意味着，它们可以在陆地上的任何一个地方产卵。在卵中，各种不同种类的个体将发育成完全体，最后破壳而出。

◆ 卵在构造上的区别

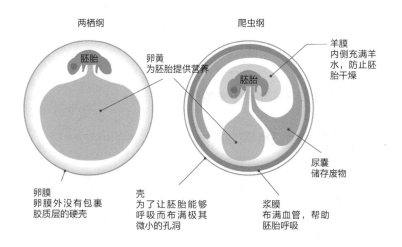

两栖纲

爬虫纲

胚胎

卵黄
为胚胎提供营养

羊膜
内侧充满羊水，防止胚胎干燥

胚胎

尿囊
储存废物

卵膜
卵膜外没有包裹胶质层的硬壳

壳
为了让胚胎能够呼吸而布满极其微小的孔洞

浆膜
布满血管，帮助胚胎呼吸

爬虫类和鸟纲的卵都有壳。壳能够让卵更耐干燥，但同时也带来了一些麻烦，那就是该如何处理卵中产生的废物。鱼类和两栖纲生物，能够透过薄膜将废物排入水中，但有壳的卵做不到这一点。无法排出的尿液只能存在于卵内部。

但是，爬虫类和鸟纲的尿，与两栖纲和哺乳纲的尿有着决定性的不同。我们的尿液是由易溶于水的尿素组成的，而爬虫类和鸟纲的则是尿酸。尿酸是一种白色、无气味的结晶，微溶于水，毒性很弱，即便存在卵中也不会危害到胚胎。

这样一来，中生代的爬虫类迎来了自己的全盛期。

在陆地上行动需要爪吗

更加适应陆地生活的身体

"爬虫类",名字中的"爬"字意为"用爪搔挠""手和脚一齐走路",指的是一切"爬行蠕动的生物"。这和爬虫类初次拥有适应于陆地的骨骼和行走方式有关。

我们的祖先鱼石螈那样的古代两栖纲生物的四肢骨骼,和我们四肢的骨骼分布是几乎相同的,但它们相当于我们上臂和大腿的部分(桡骨和尺骨),是长在躯干侧面的。

这样的四肢是无法支撑躯干从地面直立起来行走的,只能以四肢为支撑固定在地面上,匍匐前行。而当四肢固定在地面上前行时,用于在水中活动的鳍便难以适应,此时就需要指头登场了。

◆ 爬虫类的爪

　　爬虫类动物比两栖动物更加擅于抵抗重力的影响。原始爬虫类动物在身体两侧长出四肢，和两栖动物一样匍匐前行，但它们的指头很发达，细长而灵活，同时还变得十分坚韧。

　　在陆地上行走时，保证脚尖和地面的摩擦力就变得尤为重要。四肢上的五根指头对于保证摩擦力是非常重要的。爬虫类动物为了更进一步增加和地面的摩擦，在指头上还长出了坚硬锋利的指甲。

大灭绝1：和恐龙生活在同一时代的原始哺乳纲动物

二叠纪末的大灭绝事件

古生代石炭纪后期，原始爬虫类和单孔亚纲出现后，原始爬虫类便依次进化出了蛇、龟、鳄、恐龙。

然而，在古生代二叠纪（2.99亿至2.51亿年前）末期，爬虫类和单孔亚纲开始繁荣前，在距今大约2.51亿年前的地层中几乎找不到生物化石。这一时期可能发生了导致爬虫类、单孔亚纲、两栖纲、昆虫、海洋生物等生物灭亡的大灭绝事件（称作P-T界线）。

这时有96%的海洋无脊椎动物和70%的陆地动物灭绝了。两栖纲的繁荣时代也随之落下了帷幕。

二叠纪末的大灭绝事件，在史上至少发生过5次的大灭绝中是规模最大的。在这一时期，地球氧气浓度降低，海洋中极度缺氧，是生物灭绝的主要原因。研究发现，在这一时期沉积的地层中有着丰富的未被分解的有机物，呈现出灰暗的颜色。

◆ 二叠纪大灭绝事件的情况

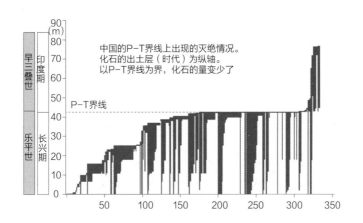

为什么氧气浓度会降低呢？是因为光合生物的光合作用被抑制了。

太阳光照被阻碍会导致光合作用受到抑制。有一种假说认为，泛大陆的形成导致地幔内部出现巨大的上涌流，引发了大规模的火山活动。

　　由又重又冷的岩石构成的海洋板块与泛大陆相撞，潜入泛大陆下方。海洋板块向着地下深处的地核与地幔的边界坠落。而高温的地幔柱则大量上涌，引发了"超级地幔柱"[1]现象。

　　火山剧烈爆发，火山灰遮盖住了天空，遮蔽了太阳光，日照难以抵达地表。同时，随着二氧化碳的大量释放，全球逐渐变暖，深藏地下的大量甲烷被释放到大气中。甲烷是一种温室效应很强的气体，它加速了全球变暖，使得全球气温在短时间内上升。而气温的上升又影响到了海洋运动。

　　但同时也存在其他针对大灭绝事件成因的学说，在这里介绍的学说并不是定论。

　　在P-T界线产生时的西伯利亚，发生了过去6亿年内地球历史上规模最大的火山喷发，喷发出了极其庞大量的玄武岩浆，覆盖了700万平方千米（日本国土面积约为38

---

[1]　起源于核幔边界，直径达数千千米的热物质上涌体（即热地幔柱），是大陆裂解和海底扩张的基本动力。

万平方千米）的土地。如今在西伯利亚仍旧存在着"西伯利亚暗色岩"[1]，面积约为日本国土面积的2倍[2]。

多亏了恐龙才能存活下来的单孔亚纲和哺乳纲

在大灭绝事件中，一部分爬虫类和单孔亚纲生物奇迹般地幸存下来，并将血脉延续到之后的中生代，这也被称作是它们的时代。我们的祖先，从两栖纲演化到单孔亚纲，之后演化出了哺乳纲动物。

长达2亿年的中生代（2.51亿至6600万年前）被称作爬虫类动物的时代。中生代不仅有恐龙在地面上繁衍生息，在水中还出现了鱼龙，在空中还有翼龙。在恐龙之中，还出现了会群体行动、筑巢育儿的种类。目前还发现了长着羽毛的食肉恐龙，据推测，它们身上的羽毛可能是用来保持体温的。

在恐龙的时代还诞生了以单孔亚纲为祖先的哺乳纲动

---

[1] 又称特纳普超级火山、西伯利亚地盾。
[2] 实际现存面积约为200万平方千米，约为日本国土面积的5.2倍。

物，在这些动物中，应该就有我们人类的祖先。

哺乳纲动物的祖先是单孔亚纲吗

单孔亚纲这个名字，听起来很陌生，也许还会有人觉得这名字有些奇怪。

单孔亚纲动物过去被称作似哺乳纲爬行动物。根据新的分类方法，从爬虫类中独立出来，成为单独的一类。单孔亚纲动物就是哺乳纲的祖先。

单孔亚纲动物的特征是在头颅左右两侧各有一个被称作"颞颥孔"的孔洞，颞颥孔下方则各有一条弓形的细骨。这种弓形骨骼在解剖学上被称作"弓"，因此单孔亚纲动物也被称作单弓动物。

单孔亚纲出现于石炭纪后期，直到三叠纪（2.51亿至2亿年前）前期都很占优势，在三叠纪中后期鳄鱼、恐龙和各种爬虫类动物迎来繁荣后开始衰退，到了侏罗纪（2亿至1.45亿年前）前期几乎已经灭绝。万幸的是，在它们灭绝前的三叠纪后期，单孔亚纲中已经进化出了哺乳纲动物。

◆ 单孔亚纲·异齿龙

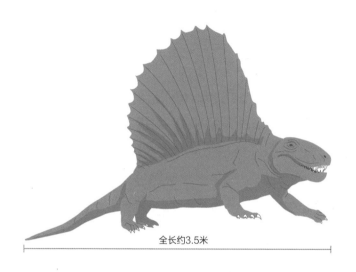

全长约3.5米

　　单孔亚纲的腿并不是长在躯干侧面，而是长在躯干下方的。如此一来，双腿就能够有效地支撑起体重，从而平稳地行走。而爬虫类动物由于四肢长在躯干侧面，不匍匐着身体是无法正常行走的。

　　早期的单孔亚纲动物是变温动物（体温随环境温度的改变而变化的动物），后来逐渐进化成能够保持体温相对稳定的恒温性动物。具备恒温性之后，就有了能够在寒冷条件下继续活动的巨大优势。

"最早期的人类，曾经和恐龙生活在同一时代？"

哺乳纲动物在诞生之后直到今天的漫长岁月中，有超过三分之二的时间都是和恐龙共存的。

人类从未和恐龙生存于同一时代。

2002年1月25日的日本《朝日新闻》上刊登了一则报道：日本人在14个国家的科学基础知识排行中名列第12位。

"最早期的人类，曾经和恐龙生活在同一时代。"这句话是对还是错？文部科学省的科学技术政策研究所24日公布的消息显示，在10个关于科学基础知识的问题中，日本人回答的正确率在包括欧美各国在内的14个国家中排名第12。调查结果显示，成人比儿童更加不了解理科知识。去年，针对约2000名18—69岁之间的人开展面对面调查，并将结果与欧盟和美国的调查结果进行了比较。日本人的正确率为51%，以小数点之后的微弱差距逊于西班牙，排名倒数第三。第一名为丹麦，正确率为64%。英、美、法紧随其后。

调查中的一个问题是："'最早期的人类，曾经和恐龙生活在同一时代。'这句话是对还是错？"日本的正确率约为40%。有六成左右的人认为，在恐龙昂首阔步的中生代也有着原始人的存在。

恐龙在白垩纪（1.45亿至6600万年前）末的6600万年前灭绝了，而人类最早出现在700万年前。恐龙和人类从来没有在同一个时代共存过。

这个世界上有许多人并不相信"生物是历经漫长岁月进化而来"的进化论，而是深信"神创造了一切生物，世界是在大约6000年前被创造出来的"。这些人并不相信恐龙生活在遥远的数千万年以前。他们声称，"在美国发现恐龙和人类的足迹处于同一年代的地层""在墨西哥发现了数万件恐龙偶像"等，认为人类和恐龙曾经生活在同一时期。

对这些观点进行调查后可以发现，所谓的足迹不过是洪水的湍流留下的痕迹，恐龙的足迹本应有三根指头，但这里的地面太坚硬，有两道已经消失了，有些还有人为雕琢过的痕迹。而关于恐龙偶像，赶赴当地的学者并没有在偶像表面发现本应附着的泥土中的盐分，在出土的物品身上还发现了明显的掩埋痕迹，学者指出"很明显是最近埋入土中的"。

始祖鸟不是鸟类的祖先

鸟纲是恐龙的子孙吗

"'最早期的人类，曾经和恐龙生活在同一时代。'这句话是对还是错？"对于这个问题，可能会有人回答"恐龙并没有灭绝，而是进化成了鸟纲繁衍至今"。

目前看来，鸟纲是从小型肉食恐龙进化而来的观点的确较为有力。恐龙研究者中，也有人认为"鸟纲是幸存下来的恐龙，恐龙并没有灭绝"，但人们对此尚有争议，目前看来，也许认为"鸟纲是恐龙的直系子孙"更为妥当。

让我们来看一看鸡爪上的皮肤。从外表看来，的确覆盖着与恐龙相似的鳞（脚鳞）。

应该有不少人还记得曾在教科书上看到的始祖鸟化

石照片吧。过去，人们认为鸟纲的进化是按照爬虫类到始祖鸟、始祖鸟到现代鸟纲的顺序而来的。最初发现的始祖鸟化石是中生代侏罗纪的化石，当时人们认为它是鸟纲的祖先，因此取"最初的鸟纲祖先"之意，将其命名为"始祖鸟"。

始祖鸟体长约60厘米，和乌鸦差不多大，长相肖似爬虫类，翅膀和尾巴长有鸟纲的特征 —— 羽毛，但口内长有牙齿，翅膀（前肢）有趾，趾端有爪，长长的尾巴上长有尾骨。这些都是爬虫类的特征，而头骨的构造和身上覆有羽毛的特征又与鸟纲相同。人们从这些细节判断，始祖鸟是属于爬虫类动物和鸟纲之间的过渡性质的物种。

然而近年来，人们陆续发现了许多长有羽毛的恐龙化石，在后续研究中也发现，原始鸟纲的直接子孙是在白垩纪中期出现的，始祖鸟已经被证实并非鸟纲的直接祖先。

与始祖鸟相似的鸟：麝雉

始祖鸟并不是鸟纲的祖先，但它的确具备介于现代鸟纲和爬虫类之间的特征。始祖鸟的喙里有牙齿，翅膀前端有爪，这是爬虫类动物的特征。

在如今的地球上，并不存在喙中有牙齿的鸟或是翅膀前端有爪的鸟。然而，却有一种鸟纲的幼鸟的前肢是有爪的，那就是生活在南美洲亚马孙河流域葱郁雨林中的麝雉。

◆ 麝雉

这种鸟的幼鸟前肢有两个爪，能够利用后肢的指头和前肢的两个爪在树木上攀爬。通常，鸟纲幼鸟会在巢中等待亲鸟喂食，但麝雉的幼鸟在亲鸟离巢外出后，会立刻离开巢穴，在树枝间活跃地转来转去。

麝雉幼鸟的前爪在孵化后的两到三周之内就会消失。因为幼鸟前肢有爪，因而曾有说法认为它们"可能是幸存下来的始祖鸟"，但如今这种"原始形状"学说已经被否定。这种前肢上的爪只是它们为适应攀缘生活而产生的特征。

大灭绝2：哺乳类的崛起和恐龙灭绝

白垩纪-第三纪灭绝事件

中生代结束后，在2亿年之间长期繁荣的大型爬虫类动物几乎灭绝。与此同时，海洋中的菊石也灭绝了，很可能在此时发生了全球性的环境变化。

这就是白垩纪-第三纪灭绝事件。对于其原因，人们提出了各种各样的假说。

其中比较有名的是陨石撞击说。这一假说认为，当时有巨大的陨石撞击地球，撞击产生的大量粉尘遮蔽了天空，同时世界上还发生了大规模的火灾，完全阻挡住了太阳光照，引发了严重的全球变冷。

白垩纪和古近纪（6600万至2300万年前）之间的地层界线被称为K-T界线。K-T界线分布在世界各地，是一层薄薄的黏土层，其中富含高浓度的铱。铱是只存在于地球地底深处的元素。陨石中会富含铱元素，因此有理论认为K-T界线中的铱是由撞击地球的陨石带来的，也因此能够遍布世界各地，这也成了陨石撞击说的根源。

◆ **K-T界线**

古近纪

白垩纪

K-T界线

与之相对的是，另有假说认为陨石撞击与恐龙灭绝无关，白垩纪-第三纪灭绝事件和二叠纪末的大灭绝事件一样，是由于剧烈的火山活动引发的。还有假说认为恐龙是因为缺少食物（无法食用的被子植物增加）而灭绝的。

恐龙时代的哺乳纲动物主要是夜行性的食虫类动物，体形大小和老鼠差不多。即使是在"恐龙的时代"，它们的个体总数也要远远大于恐龙。它们是能够在不同气温条件下都能保持体温的恒温动物，体形小、夜间行动，拥有能够隐藏身形、保护自己的空间，也能够适应气温的降低。它们很可能因此才能够在环境的剧烈变化中存活下来。

笔者对年轻时学过的"恐龙灭绝是因为它们的卵都被哺乳动物吃掉了"这种说法记忆犹新。这种假说认为恐龙是因为哺乳纲动物的崛起而灭绝的。大家难道不觉得这也是很有可能的吗？恐龙灭绝之谜，至今仍是一个远古的浪漫故事。

哺乳纲的繁荣

哺乳纲的祖先出现在中生代的三叠纪，到了白垩纪则出现了现在的有袋类（袋鼠等）、单孔目（鸭嘴兽等）、真兽亚纲（除有袋类和单孔目以外的哺乳纲动物）的祖先。

哺乳纲动物因能通过乳腺分泌乳汁来给幼体哺乳而得

名，也被称作"兽类"。我则是以"它们全身被毛所以是'有毛的动物'"来称呼它们。体毛能够帮助哺乳纲动物保持体温。

之后，又出现了体形更大的昼行性哺乳纲动物。恒温、胎生、哺乳 —— 哺乳纲动物凭借这些优势，在陆地上的各个角落不断繁荣起来。

白垩纪末期，恐龙等大型爬虫类动物灭绝。时间来到了新生代，随着全球变冷和干旱越来越严重，哺乳纲实现了巨大的发展，将自己的势力范围扩展到了地球上的每一个角落。

动物学家第一次见到鸭嘴兽时的震惊

18世纪末，发生了一起将欧洲的动物学术界搅得天翻地覆的事件。当时，有一份动物标本从澳大利亚寄到了欧洲。

标本身长45厘米，其中尾部长15厘米左右，有着鸭子似的喙，足部有蹼，尾部像海狸，而且还全身被毛。这具标本出现在1798年。

有许多学者认为"不可能存在这种动物"，完全没把它当一回事。但在对动物标本进行细致研究后，人们确认这是真实存在的动物。

这种动物被称作鸭嘴兽，栖息在澳大利亚东部塔斯马尼亚岛很小的一片区域内。它们利用脚蹼在水中灵活地游泳，以淡水螯虾、蚯蚓和贝类为食。雄性鸭嘴兽后肢脚掌下的倒钩上长有毒针，用来抵抗外敌和其他雄性的攻击。

◆ 鸭嘴兽

鸭嘴兽没有独立的尿道、肛门和生殖孔，而有泄殖腔。它们的粪便、尿液和卵都是从泄殖腔排出的。因为只有一腔，因此被称作单孔目动物。爬虫类、鸟纲，还有针鼹，都属于单孔目。

哺乳纲动物如何育儿

鸭嘴兽母亲会在河畔上挖出的巢穴深处的房间里孵卵，用乳汁喂养卵中孵化出来的孩子。但因为鸭嘴兽没有乳头，幼崽便会舐食母亲腹部乳腺中分泌出来的乳汁。因为鸭嘴兽通过乳汁喂养幼崽，且全身被毛，因此被分类为哺乳纲。

原始的哺乳纲动物有可能都是产卵的。鸭嘴兽和针鼹都一直保持着哺乳纲动物开始胎生以前的原始形态。

澳大利亚拥有袋鼠、考拉等有袋类动物。有袋类动物也是胎生，但它们不具有真兽亚纲一样发育完全的胎盘，成年袋鼠的体重可以达到数十千克，但刚刚出生的幼崽体重却只有5克左右。袋鼠一出生便会直接落进母亲的育儿袋，通过育儿袋里的乳头吸食乳汁成长。

我们人类的祖先属于真兽亚纲。产卵的哺乳纲动物最古老的化石可以追溯到大约2.2亿年前，真兽亚纲的化石则出现在1.2亿年前的地层中。从哺乳纲动物诞生到进化出胎盘，大约经过了1亿年的时间。

树上的生活促进四肢和眼睛的进化吗

灵长目的祖先是原始食虫类

从动物学的角度来说，人类在哺乳纲中被分类为灵长目动物。

灵长目中，猴子的手脚和其他哺乳纲动物不同，能够握住物体。这是在树上生活所必备的能力。猴子并不是有四条腿的动物，而是有着四只手的动物。猴子手脚上的拇指，和其他四根指头的方向是相对的，虽然不及人类的双手灵巧，但也很适于握住物体。大脑发达也是灵长目动物的一大特征。

拥有这些特征的灵长目动物，究竟是如何进化而来的呢？灵长目动物的祖先，可以上溯到白垩纪末期出现的原始食虫类动物。它们长得可能和现存的树鼩很相似。

树鼩栖息在东南亚的森林里，和松鼠差不多大。因为长相和老鼠相似，而得名"树鼩"，以昆虫和树木果实为食。它们牙齿小而多，没有啮齿目动物特有的门牙，因此过去被分类为食虫类动物，被看作是鼹鼠的近亲。

树鼩和灵长目动物不同，指头上有着弯曲的爪。也正因为如此，关于是否要将树鼩划分为灵长目，引发了很大的讨论。

而树鼩的拇趾和另外四根指头相对而生，这正是灵长目的一大重要特征。

它们的头骨也和灵长目很相似，有学者也因此将其分类为灵长目，看作是猴子的近亲。

◆ **树鼩**

同时被看作食虫类动物和灵长目动物的树鼩，如今已经被单独分类为树鼩目动物。树鼩有着许多哺乳纲动物的特征。

人们认为它们保留了哺乳纲真兽亚纲动物最为原始的样貌。在当初恐龙昂首阔步的年代，和树鼩一样的哺乳纲动物想来是从恐龙眼皮子底下逃走才能生存下来吧。

与树鼩相似的原始食虫类动物在攀缘树木、栖息于树上的过程中开始进化，最终进化出了灵长目动物。

灵长目动物的登场与进化

中生代白垩纪之后的新生代从6500万年前开始，一直持续至今。按照由古至今的顺序可以分为古近纪、晚第三纪和第四纪。在这一时期，哺乳纲动物和鸟纲动物发展得尤其繁荣。

灵长目动物出现在白垩纪–第三纪灭绝事件之后，在新生代诞生了大猩猩、猩猩、黑猩猩等大型类人猿（灵长目中进化程度最高的生物，与人类相近，体形庞大，没有尾巴，可以通过下肢直立行走）和人类。

新生代还是属于被子植物的时代。被子植物的森林和中生代的裸子植物森林不同，能够开花结果，新的昆虫纲也迎来了繁荣。

原始的灵长目动物，就像这样栖息在森林里的树上，靠食用果实以及昆虫等小动物为生。它们的主食是果实和昆虫，就需要拥有比栖息在草原的植食性哺乳纲动物用于咀嚼的臼齿更加强大的消化器官。同样地，也就不需要食肉动物的犬齿、利爪等武器，或是强壮的身体了。

在森林中的树木上，不会有猛兽出现，也不需要用于逃跑的四肢。这样一来，原始的灵长目动物保持着和祖先食虫类动物差别不大的原始的身材，一直生活下去。

树上的生活，使得灵长目动物攀缘枝干、在树枝间跳跃的能力得到发展。与马、狗等四足动物相比，灵长目的四肢变得十分自由、灵活，能够掌握住物体。它们前肢的拇指变短，其余手指能够向掌心大幅度弯曲。

而在树枝间穿越的树上生活，使得感觉器官中的眼睛变得尤为重要。想要用手牢牢抓住树枝和物体，需要眼睛具备立体视觉，通过左右两只眼睛观察同一个物体。为此，灵长目动物的眼睛进化到头部前方，双眼视野产生重合，能够清晰观察物体，准确判断距离。

◆ 视野的变化

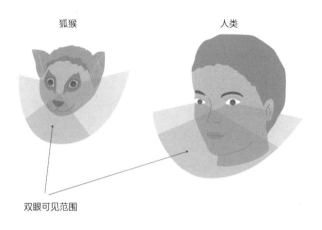

狐猴

人类

双眼可见范围

森林生活锻炼了对色彩的感觉

　　类人猿经常食用被子植物的果实和叶子。果实在未成熟时呈现出青色，而成熟后则会变为红色。树叶在刚刚发芽时呈嫩绿色，到了夏天则变为深绿，会随着季节变换而产生微妙的颜色变化。分辨物体的色彩，对于森林生活是尤为重要的。

　　脊椎动物很早就进化出了能够识别蓝、紫、红、绿四种颜色以及感受明暗的共计五种视色素。夜行性的哺乳纲动物后来失去了识别紫色和绿色的视色素，只能识别两种颜色。但类人猿却从感红色素中进化出了感绿色素，视色素变为了三种。通过能够识别三原色的视色素组合，类人猿便能够识别出各种各样的颜色。

像这样，灵长目的感官越来越发达，为了能够准确判断、敏捷行动，它们的大脑也发达起来。700万至600万年前，黑猩猩与人类产生分歧前的共同祖先的脑容量，和如今黑猩猩的脑容量大小相当。虽然只有现代人类的三分之一大，但相对于其他动物的大脑与体重比来说，依旧是很大的。

从灵长目动物的进化史能够发现人体的许多特征都是自猿猴时代保留下来的。

如今，类人猿可以大体分为简鼻亚目[1]（狭鼻下目和眼镜猴等）和原猴亚目（狐猴和懒猴等）两类。类人猿的祖先是狭鼻下目。

有趣得让人睡不着的人类进化

human evlution

---

[1] 又称"类人猿亚目"。

化石"伊达"

美丽而神秘的化石的发现

2007年7月，挪威奥斯陆大学的古生物学家乔恩·胡鲁姆博士获得了一块保存极为完好的灵长目动物全身骨骼化石，名为"伊达"[1]。

他在为《特别展：脊椎动物走过的道路 —— 生命大跃进》（日本国立科学博物馆等，2015年）的图册所写的"伊达：发现奇迹的故事"中，提到了这段过往。

2006年，在德国汉堡的"矿物化石展览会"上，交易商向胡鲁姆博士展示了一张照片。照片中是至今为止人们

---

[1] 学名为"达尔文麦塞尔猴"。

已知的最为古老、骨骼最为完整的4700万年前的灵长目动物的化石。

　　他邀请了三位德国专家、两位美国古生物学家组成了一个调查团队，并于2007年7月获得了化石，开始研究这份化石与人类之间的关系。

◆ 伊达的化石

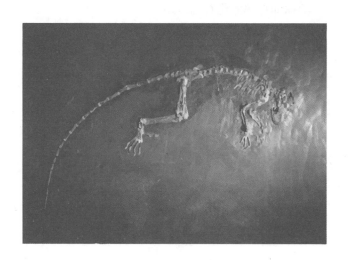

　　首先，从化石四肢的构造来看，他们明确了化石属于拥有"适于握住物体的手"的灵长目动物；从骨盆来看，

能够判断出这是一个雌性。而X光片显示其手腕有骨折。这样一来，其死因也基本明确了。

而这具化石同时有着乳牙和恒牙，可以判断其刚刚断奶不久，年龄应该在6个月到1岁之间，换算成人类大概是9岁。博士联想到了自己当时5岁的女儿伊达，因此将化石命名为"伊达"。

从牙齿的构造可以看出，伊达可能主要以果实和树叶为食，同时会捕食昆虫。消化道中的残渣也证明了这一点。

"伊达"的真面目

伊达在灵长目动物中究竟处于一个什么位置呢？

起初人们认为它与狐猴相近，但它并没有狐猴梳理毛发用的钩爪，以及下颌梳齿状排列的牙齿。伊达与狐猴不同，它的脸很短，眼睛像人类一样排列在正面，钩爪变为了距，还有着与灵长目相似的牙齿。它的手足各有五根指头，和人类一样，拇指与其他四根手指相向而生。

2009年，胡鲁姆博士发表论文称"伊达"是人类的直系祖先。电视、图书、媒体争相报道此事，引发了广泛的讨论。

如今，包括与现存狐猴相似的兔猴科在内的灵长目动物是人类直系祖先的可能性，已经基本被排除，但胡鲁姆博士仍旧没有放弃。

胡鲁姆博士用下面这首诗总结了这个故事：

这五年来，就像一场网球拉锯赛。
立场队里的科学家们，
在杂志上纷纷发表意见，
谁也不愿改变想法……
伊达如今依旧是
史上最完整的灵长目化石。
没人能否定她的美，
她被写入了几乎所有教科书，
但争论却仍旧在持续。

人类与类人猿的岔路口

从共同祖先产生分歧的时间点

大猩猩、猩猩、黑猩猩这些大型类人猿和我们人类的祖先是在什么时候产生分歧的呢？目前，从化石和DNA分析（基因层面的研究）可以做出如下推论：

1300万年前，我们的祖先和猩猩从共同祖先产生分歧；

800万年前，我们的祖先和大猩猩从共同祖先产生分歧；

700万至600万年前，我们的祖先和黑猩猩从共同祖先产生分歧，走上了智人的道路。

这些从共同祖先产生分歧的时间，还并不能完全确定，不同的研究结论让结果只能精确到大致范围。有研究者通过对头骨化石的比较，提出不同意见，认为黑猩猩比起人类，与大猩猩更加接近。但近年来，通过对肌肉、纤维组织的综合比较，已经有研究证实黑猩猩比起大猩猩，与人类更加接近，大体上是支持了上述推论。

◆ 人类与类人猿的进化史

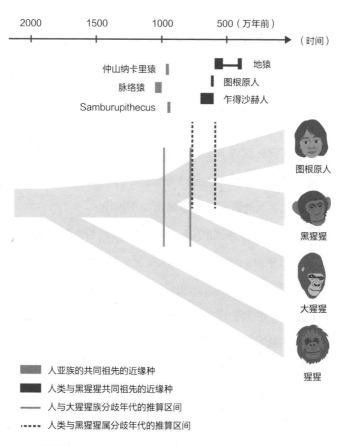

原图引自：*Genome Biology and Evolution*（《基因组生物学与进化》）

1932年，人们在1300万年前的地层中发现了名为拉玛古猿的类人猿化石。拉玛古猿过去曾被认为是人类的直系祖先，但随着研究的深入，现已证实它们是猩猩的祖先。我们和猩猩从共同祖先产生分歧后，进化为猩猩的就是拉玛古猿。

黑猩猩和人类的基因组只差1%

全基因组分析告诉我们的事

一般认为，人类和黑猩猩是在大约700万年前分歧为不同物种的。分歧之初，基因信息是相同的，但在成为不同的物种后，各自持续进化，基因信息也发生了变化。

例如，人类的细胞中有22对常染色体和统称性染色体的X染色体、Y染色体，共计24种（一共46条）染色体。一对性染色体决定了人的性别，女性有两条X染色体（XX），男性有X染色体和Y染色体各一条（XY）。染色体由4种碱基承载遗传信息。

黑猩猩有23对常染色体和X染色体、Y染色体。雌性的性染色体为XX，雄性为XY。也就是说，人类女性的染色体为44条常染色体加XX，男性为44条常染色体加XY；

雌性黑猩猩的染色体为46条常染色体加XX，雄性为46条常染色体加XY。人类和黑猩猩分别独自进化到了今天。

◆ 人类与黑猩猩的基因差异

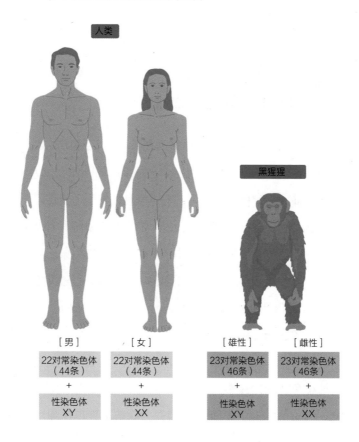

2002年，科学家完成了对人类基因组全部核酸序列的测定。基因组指的是包括基因和染色体在内的所有遗传物质的总和。将与人类最为接近的黑猩猩的基因组与人类的基因组相比较，结果显示黑猩猩与人类的基因组相似率为99%。

然而，基因组的测序虽然完成了，但人们同时发现有许多基因无法指导蛋白质合成，难以进行单纯的比较。

除了难以比较这一点不提，其余的基因组相似率达到了99%。即便如此，如果没有这1%的差异，人类和黑猩猩的区别，真的就只有"猴子只比人少三根毛"的程度吗？

基因组上1%的差异

组成生物基因组的是名为碱基的分子（碱基是成对出现的）。如果将碱基对比喻成文字，每个基因比喻为一篇文章，那么人类和黑猩猩的基因差不多都是30亿字的鸿篇巨制。

2004年5月27日出版的《自然》杂志上发表了一篇研

究文章："人类和黑猩猩在基因组上的差异虽然只有1%，但体内运转的基因有八成左右是不同的。"这是以理化研究所为中心的国际团队得出的结论。

研究团队将人类的第21对染色体和黑猩猩与之相对应的第22对染色体进行了对比分析，碱基序列不同的部分为1.44%。但人类与黑猩猩共通的、能够准确进行比较的231个基因中，存在一个以上不一样的组成蛋白质的氨基酸的基因达到了约八成。

哪怕是看起来相同的文章，一字之差也会导致蛋白质合成的功能上的不同，最终合成出其他蛋白质。

基因组的比较，是对寻找"人类特质"起源的一种尝试，但比较起来并没有想象的那样容易。科学家们现在也在开展产生大脑沟回的基因方面的探究。

猴子只比人少三根毛吗

头发密度最高的是多少

上文中提到了"猴子只比人少三根毛"的说法，这句话最初表述的意思是猴子不如人类聪明。但猴子的毛发，一目了然地，肯定是比人类要多得多。那么，就让我们来算一算每平方厘米上生长的毛发数量吧。

后背和胸前的毛发，相对于人类的1根或没有，猩猩的毛发要超过100根，黑猩猩则有将近50根。长臂猿的背上每平方厘米能够生长1700根毛发。从体毛的绝对数量上来看，猴子也要压倒性地多于人类。

因此，也有人将人类称作失去毛发的"裸猿"。英国动物学家德斯蒙德·莫里斯1967年的著作《裸猿》是当时的销量冠军。我们人类看到什么都想狼吞虎咽，是"暴饮暴食之猿"。而他提出的人类观还认为，人类对待同类相残的态度十分平淡，这在其他哺乳动物中极其少见，人类是"憎恶之猿"，这在当时引发了极大的讨论。

虽然身体毛发的数量输给了猴子，但论头发的密度，人类却能够胜过除了大猩猩以外的类人猿。人类的头发平均每平方厘米有大约300根，黑猩猩有100根左右，猩猩则是150根左右；但大猩猩却有超过400根，比人类略多。体形较小的类人猿长臂猿的头发也很多。山地大猩猩生活在高山寒冷的气候中，可能是为了保持体温，才会长有浓密的体毛。

头发的数量虽然不多，但人类头发的寿命通常能有2至5年，每个月能长大约1厘米，5年能够长到60厘米。

考虑到长度和寿命，人类的头发比起猴子的要有特点得多。

分辨·同情·完成

人类原本生活在森林里，之后他们离开了森林，迁徙到日照强烈的草原上生活。为了适应炎热的天气，人类不再生长体毛，变成了"裸猿"。

但例外保留下来的部分毛发反而比其他动物更加发达。人类的头发，应该是为了保护头部不要受伤。人类脸部和腹部的毛发变得稀疏，毛发集中于头部。这种倾向，尤其是脸部毛发消失的特征，从猿猴到类人猿是越来越显著的。

在网上搜索上文提及的"三根毛"，能够搜到一个冷笑话："分辨"（辨别善恶）、"同情"（情感）、"完成"（完成某件事情）[1]这些的确是黑猩猩不擅长，而人类擅长的部分。

黑猩猩的认知水平远远低于人类。它们能够认知现在，但不太能够理解过去和未来。它们可能认为目前出现在自己眼前的食物就是一切。如果不能理解自己和同伴们从过去到未来都会持续"活着"这个状态，那也就不会对同伴表示善意，也不会有羞耻感。

这么看来，说猴子缺少"分辨""同情""完成"的能力，也的确是很站得住脚的一种说法。

不过，在2013年1月公布的美国的一项研究结果表

---

[1] 这三个词的结尾在日语中的发音与"毛"相同。

明，黑猩猩也具有"平等的概念"（与他者分享某物的思想）。黑猩猩也并非只知道独占看中的东西，而是懂得与伙伴齐心协力和保持平等。

Part 3

奇妙的生命诞生故事

Pikaia
Ediacaran
Cambrian Explosion

海洋是如何变成"原始汤"的呢

生命源泉——有机物来自何处

地球上最初的生物很可能诞生于原始地球上的海洋中。巴斯德[1]在19世纪后半期证明了"一切生物都是诞生自其父母的,是绝对不可能自然发生的"。在那之前,包括科学家在内的大部分人,都深信至少有某种微生物是从泥土、水或是汤中"自然发生"的。

自然发生说被否定后,就产生了一个很大的问题:这样一来,最初的生物又是怎么诞生的呢?

20世纪20年代,当时苏联的生化学家亚历山大·奥巴

---

[1]　路易斯·巴斯德(1822－1895),法国微生物学家,巴氏灭菌法的发明者。

林提出，在原始地球上，海洋是溶解有大量有机物的"原始汤"。他认为，有机物在汤中不断发生反应，逐渐变得复杂，"进化"为和其他的有机物相互作用的组织，最终形成了生命。这就是生命起源的"化学进化学说"。

现在，构成生物身体的蛋白质（由氨基酸组合而成）等有机物是由以植物为首的光合生物产生的。例如，植物能够利用二氧化碳和水等简单无机物产生有机物。假设最远古的时期，有机物也是由光合生物利用无机物产生的，那么归根究底，产生这些光合生物的有机物又是从哪里来的呢？这个问题依旧没有解决。

大气起源学说和宇宙起源学说对这一问题进行了解释。

大气起源学说认为，原始大气和溶解于海洋的大气是产生生命的原料。

宇宙起源学说认为，宇宙中产生的有机物随着陨石从宇宙空间来到了地球。

有机物的大气起源学说

1953年，美国的斯坦利·米勒猜想原始大气是由甲烷

（CH_4）、氨气（NH_3）、氢气（H_2）、水蒸气（H_2O）组成，便将这些气体装入玻璃容器中，释放高压电火花来进行实验。实验结果表明，容器中生成了氨基酸等有机物，证明了原始大气中的确可能产生作为生命起源的有机物。这是一个为大气起源学说提供支持的著名实验。

◆ 米勒的实验

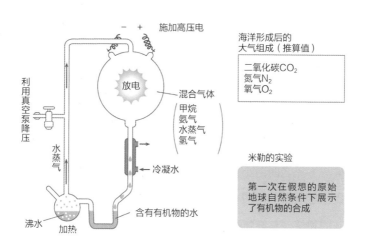

施加高压电

海洋形成后的
大气组成（推算值）

二氧化碳 CO_2
氮气 N_2
氧气 O_2

放电

混合气体
甲烷
氨气
水蒸气
氢气

利用真空泵降压

水蒸气

冷凝水

米勒的实验

第一次在假想的原始地球自然条件下展示了有机物的合成

沸水　加热

含有有机物的水

但随着之后研究的不断深入，人们发现原始大气是由二氧化碳（CO_2）、水蒸气（H_2O）、氮气（N_2）组成的，并不是米勒所猜想的那种原始大气。二氧化碳、水蒸气、氮气在高压放电实验中无法产生氨基酸。

但日本横滨国立大学的小林宪正教授目前已经证明，现在人们所设想的原始大气只要经过模拟宇宙射线的高能质子束照射，取出生成的物质后再加入酸并加热，也能够生成氨基酸。如果施加的能量并非闪电，而是宇宙射线的话，就有可能产生氨基酸。

有机物的宇宙起源学说

现在，利用大型的高性能射电望远镜，我们已经在宇宙中发现了超过100种的有机物，其中就包含乙醇、乙酸、甲醛等。

时常会有陨石坠落到地球上，其中有许多都是来自火星与木星之间的小行星带的小行星碎片。一种被称作"碳质球粒陨石"的陨石中含有大量的水，此外还能检测出氨基酸和核碱基等物质。

宇宙起源学说认为，作为生命原材料的有机物是随着陨石坠落和彗星划过地球附近时带到地球上的。生命诞生于40亿至38亿年前，当时地球上曾有无数的陨石坠落，有机物可能就是在那时被带到地球上来的。

热水起源学说登场

还有一种热水起源学说也是较为有力的学说。1979年，人们发现了一处位于深海底部的、喷出超过300℃高温热液的深海热液喷口。因为地处深海底部，因此水压很高，即便达到300℃也能保持液态。在那之后，人们在海底发现了150多个深海热液喷口。

深海热液喷口冲喷出大量的硫化氢、氢气、氨气、甲烷等气体，存在和米勒的实验中假设的原始大气相近的条件。有机物可能就是在此产生的。

◆ **深海热水喷出**

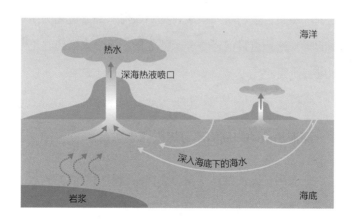

深海热液喷口中喷出的热水，含有高浓度的铁、锌、锰等金属离子。这些金属离子成为硫化氢、氢气、氨气、甲烷等产生化学反应时的催化剂，和高温相辅相成。这样，深海热液喷口成了易于化学进化的场所。而热水附近的海水是冷却的，从热水中获得能量的有机物也随之被冷却，不会热解。

可能存在诞生于原始地球的原始大气和来自宇宙的两种组成生命的有机物。即便深海热液喷口无法产生有机物，这些"产自地球"和"来自宇宙"的有机物应该也是在类似深海热液喷口的场所，向着产生生命的方向不断进行着化学进化。

组成蛋白质和核酸的物质也被创造出来，生命终于诞生了。然而，蛋白质和核酸究竟是如何从部分进化为生命体的呢？这一点目前还是个未解之谜，科学家们还在不断地进行研究。

深海热液喷口周围不可思议的生态系

在太阳光无法抵达的深海，在不断喷出超高温热水的深海热液喷口周围，存在着十分神奇的生物群。这是1977

年之后开始造访海底2500至3000米深处的潜水艇发现的。

深海热液喷口会喷出硫化氢。硫化氢是对包括人在内的普通生物有剧毒的物质，因此在硫化氢喷出的范围内不存在生物。在这种对于生物而言过于严酷的环境下产生的有机物是某种细菌。

它们通过海水中的氧气将硫化氢氧化成硫黄或硫酸，从中获得能量，合成有机物。这种能从无机物中生成有机物的生物，被称作初级生产者。细菌中有能够在122℃的高温下生存的嗜热菌。

栖息在深海热液喷口附近的瓣鳃纲白瓜贝和管虫的体内，有着大量的化学合成细菌。白瓜贝会将硫化氢和氧气传递给细菌，同时自己也拥有将剧毒的硫化氢做无毒处理的能力。

白瓜贝和管虫都没有胃和口，它们靠着从体内共生的细菌那里获得一部分合成出来的有机物来维持生命。在白瓜贝和管虫之间，构筑起了能让虾类、蟹类自由漫步，鱼儿游来游去的生态系。

正是在这样的环境下，地球最初的生物才具备了登场的条件。

初期的生物是什么样子

最初的生物在何时出现

我们目前还不知道地球上最早的生物究竟是什么时候出现的。不过大多数研究者认为生命诞生于40亿至38亿年前。对月面的地质调查结果显示，40亿至38亿年前，陨石频繁地坠落在月球，形成了巨大的环形山。以此为依据，可以推算在地球上当时可能也曾经持续不断地出现猛烈的陨石撞击。

巨大的陨石（微行星、小行星）撞击地球时产生的能量，使得地球表面温度升高，海洋蒸发，有些地方地表附近的岩石熔化成岩浆的海洋。可以想象在那之前，即便原始海洋中产生了生命，也会在高温中被烧死。因此，延续到今天的生命，应该是在陨石剧烈坠落（后期重轰炸期）

之后产生的，"40亿至38亿年前"这一时间点已经被人们广泛使用。

生物能够新陈代谢和自我复制

我们目前还不知道大约40亿年前诞生的生物究竟是什么样的，又是如何进化的。

"存在过"的意思是，它们应当经历过新陈代谢。新陈代谢指的是生物从外界摄取有机物，在体内对有机物进行各种合成、分解，获取维持生命所需的各种物质、营养，最后将废物排出体外的过程。

生命的另一大要素就是能够自我复制，这就需要核酸发挥作用。但我们很难想象如今的生物所拥有的新陈代谢、自我复制的机制，在生命诞生之初就已经产生了。

最开始的机制恐怕并不完善，有许多未能适应环境的生物很快就灭绝了。不过其中也有顺利适应环境的生物存活了下来，逐渐完善了新陈代谢和自我复制的机制，一直走到了今天。

从RNA世界走向DNA世界

现如今的生物将自我复制的遗传信息保存在DNA当中。在DNA的复制过程中，有大量的酶（蛋白质）在参与。

目前较为有力的观点认为，原始地球上最初的生物并不具备自我复制所需的DNA和蛋白质，而是更为简单地通过RNA来进行自我复制。我们已经发现，在RNA中发挥酶（催化剂功能）的作用的物质是核酶。

RNA的缺点是比DNA更容易分解，核酶的作用也不如由蛋白质构成的酶那样强大。之后，RNA开始能够合成蛋白质，并由蛋白质来承担自我复制中的催化剂作用，而遗传信息的载体也由RNA转为稳定的DNA。

像这样，原始地球上最初的生物的基本活动是基于RNA成立的，这样的世界被称为RNA世界。与之相对的，如今生物通过DNA和蛋白质来开展生命活动的世界被称为DNA世界。

35亿年前的最古老的化石是细胞内没有细胞核的原核生物。它们拥有DNA和核糖体（将DNA中的遗传信息复制到RNA，合成蛋白质），就是从这时起，生物进入了DNA世界。

◆ DNA和RNA的构造

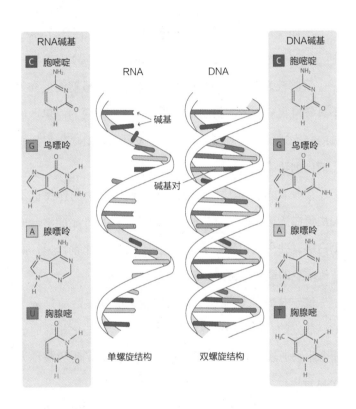

蓝细菌的出现是地球史上的一大事件

地球上的生物原本不需要消耗氧气，而是从有机物中获取生存所需的能量。在地球诞生后的一段时间里，

◆ **叠层石的化石（显微镜下观察到的素描图）**

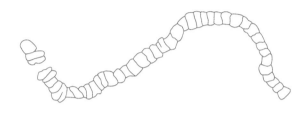

地球上的大气里是没有氧气的，有的只是各种氧化物。

在大约27亿年前，地球上出现了蓝细菌这种光合生物。光合作用的结果就是，大气中的氧气越来越多。

地球上古老生命的化石叠层石，其实是蓝细菌和泥沙沉淀而成的层状沉积结构。叠层石的化石在大约27亿年前的地层就有出现。

蓝细菌在吸收溶于海水的二氧化碳合成有机物的同时，会分解水，释放氧气。这些氧气与溶于海水的铁离子结合，形成了大量的铁的氧化物并沉淀到了海底。这些铁的氧化物的沉积层（条带状含铁建造）有一些已经隆起并形成了陆地，主要作为铁矿石被人们开采挖掘。

海中的金属离子全部被氧化后，氧气就被释放到大气中去，大气中氧气含量开始迅速增加。大气的主要成分也变成了如今的模样，主要由氮气和氧气构成。

作为单细胞生物的30亿年 —— 从原核生物到真核生物

在细胞内拥有细胞核的真核生物是在大约21亿年前出现的。现存的所有动物和植物都是真核生物。

DNA被细胞核保护，不仅拥有核糖体，还有线粒体和叶绿体，比起原核生物更加复杂，且拥有更发达的功能。

线粒体原本是独立的原核生物，能够从有机物和氧气中高效地获取能量。有理论认为，线粒体进入了早期原核生物的细胞内部，与之共生，成了同一个生命体，并最终进化为真核生物（内共生学说）。真核生物能够通过细胞内的线粒体从有机物和氧气中获得能量。拥有线粒体、能够呼吸氧气的生物就是我们的祖先。

在当时，无论是原核生物还是真核生物，都是单细胞生物。我们最为古老的祖先为最初出现的原核生物，接着又演变为真核生物。

那之后又过了10亿年以上的时光。距今约10亿年前，拥有复数细胞的多细胞生物登场了。也就是说，我们的祖先作为单细胞生物总共历经了约30亿年的时间。多细胞生物出现在距今约10亿年前。

过去，生物曾经在
30亿年里只凭借一
个细胞生存。

持续2000万年的软体动物乐园

充满想象的海洋别样世界

到了距今约6亿年前的前寒武纪末期，多细胞生物开始大量出现。

这些生物的体形在几厘米到十几厘米之间，有些可达1米。它们形状各异，有些像是立起来的笔，有些像圆盘，有些像口袋，还有的呈左右对称的形状。

它们没有坚硬的骨骼、壳或是牙齿，呈软体，有很多体形都是扁平的。目前还不清楚它们过着怎样的生活，但它们似乎并不是像浮游生物那样过着漂流的生活，而是固定在海底的。

其中有很多可以归类为水母、海鳃、环节动物门的生物，还有无法归类为今天已知的各种动植物近亲的生物，充满了谜团。

◆ 埃迪卡拉动物的乐园

　　例如，呈圆形或椭圆形、看起来像坐垫一样的生物——狄更逊水母，长得像叶子一样、球根状的基盘附着在海底的查恩盘虫。但不同研究者对它们的看法各有不同，它们究竟和哪些现存的动物有关，还是说完全无关呢？目前尚无定论。

　　有研究者认为，狄更逊水母等属于埃迪卡拉动物群[1]，并不是生活在海洋中的，而是与陆地上的地衣门类

---

[1]　埃迪卡拉动物群化石发现于澳大利亚南部的埃迪卡拉地区，并因此得名。它们是生活在 5.65 亿至 5.43 亿年前的前寒武纪一大群软体躯的多细胞无脊椎动物。

似的生物。因此，我们还无法明确埃迪卡拉动物群中是否存在与我们的祖先相关的生物。

埃迪卡拉动物群生活的年代的海洋中不存在捕食它们的生物，它们过着和平安稳的生活，因此有时也会把当时那个年代称作"埃迪卡拉动物的乐园"。

但埃迪卡拉动物的乐园并没有持续很长的时间，在短短2000万年之后，它们就消失了。

在地球的历史中，我们将到此为止的年代称作前寒武纪。

接下来，古生代开始了，取代埃迪卡拉动物群那样扁扁的软体动物登场的，是三叶虫这种立体且拥有坚固外壳的生物。

三叶虫与眼睛的诞生

剧烈进化的契机

寒武纪（5.42亿至4.8亿年前）出现的三叶虫，如果用现存的动物来说明，就是昆虫、蜘蛛、虾、蟹这样的节肢动物。三叶虫是最早的拥有眼睛的生物。它们聚合起带有晶状体的视细胞（单眼）形成复眼，可能和如今的昆虫一样能用复眼观察事物，还能够识别颜色。

在英国自然历史博物馆从事寒武纪化石分析的安德鲁·帕克博士著有《第一只眼的诞生》一书。其中提到在寒武纪生命大爆发之后，动物化石呈现出拥有昆虫版的外骨骼、突出的眼球、尖锐的嘴、和剑一样的尖刺等特点。其中最值得注目的就是出现了眼睛很发达的动物。

◆ 三叶虫

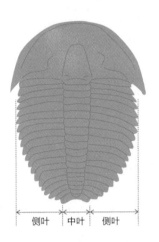

侧叶　中叶　侧叶

　　帕克博士称，在寒武纪生命大爆发之前，在埃迪卡拉动物群中出现了拥有眼睛的动物。这些动物很可能在生存竞争中占据了有利地位。在捕获猎物、躲避敌人时，拥有眼睛就会非常有利。这些拥有眼睛的动物，可能就是寒武纪生命大爆发的起源。

　　帕克博士专心研究三叶虫的复眼，推测三叶虫可能属于捕食者。三叶虫爆发性地呈现出多样化态势，也被指出是因为拥有精密眼睛的缘故。

寒武纪的神奇生物们

多种多样生物生活的时代

加拿大不列颠哥伦比亚省东部的优鹤国家公园里，有着地质学家无人不知的伯吉斯页岩化石群。这里被列为世界遗产，是一处位于陡坡上长宽数米的小小露头[1]。这里被称作"沃尔科特采石场"。

发掘出化石群的是在美国地质调查所工作的查尔斯·沃尔科特。发现的契机据说是他于1909年骑着驴子经过附近时，驴子一时失了足。

他之前就听说附近有古代寒武纪中期的沉积物。他在

---

[1] 岩石、矿脉和矿床露出地面的部分。

那里，发现页岩（伯吉斯页岩）表面有东西在发光，在页岩表面有一部分比其他地方略微黑一些。那正是生活在寒武纪的生物的化石群。

他沿着山道爬上基岩，从中挖掘出了大量化石。沃尔科特的挖掘工作一直持续到1917年，共计发现了多达6.5万件的化石。其后，又有多家研究机构多次开展调查，发现了更多的化石。

寒武纪的化石群除了伯吉斯页岩化石群，还有中国的澄江动物化石群[1]等。在这些地方发现了可以被分类至如今所有动物的"门"的化石。这一时期，多细胞生物的种类急剧增加，因此被称作"寒武纪生命大爆发"（也称寒武纪大爆发）。

究竟是生物的进化在寒武纪很短的一段时间内呈现出多样化态势，还是从前寒武纪时期起的进化结果在之前并没有变成化石，在寒武纪一下子全部变为化石了呢？至今，学界依旧在议论纷纷。

---

[1]　位于云南省玉溪市澄江县。

◆ 寒武纪的生物

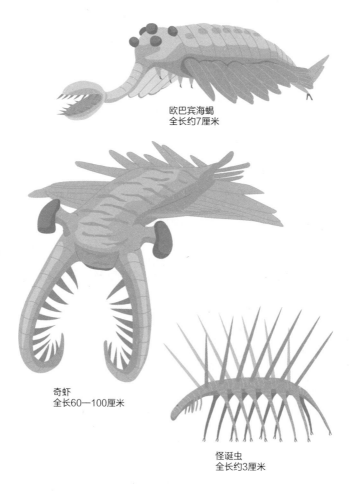

欧巴宾海蝎
全长约7厘米

奇虾
全长60—100厘米

怪诞虫
全长约3厘米

寒武纪海洋的支配者

统治寒武纪海洋的是奇虾。奇虾体长为60—100厘米。寒武纪的绝大多数动物的体格在几毫米到几厘米之间，奇虾是当时体形最大的动物。

它们的头部长着类似虾尾的结构，取"奇怪的虾"之意，被命名为奇虾。它们有着两只强壮的用于捕获猎物的前肢，还有用于掠食、碾碎食物的牙齿。它们上下波动全身来游动。人们发现了许多奇虾同类的化石，可见奇虾是寒武纪海洋中最为成功的生物之一。

当时还有一种比奇虾体形小，名为欧巴宾海蝎的生物。它的身长约为7厘米，有许多的鳃以及可能是用于捕获猎物的象鼻状嘴巴，头上还长有5只眼睛。

捕食动物的出现，促使许多动物都生出了外骨骼。有观点认为，身体柔软的埃迪卡拉动物群是因为被新出现的捕食动物捕食殆尽而灭绝的。

我们的祖先是文昌鱼吗

皮卡虫和文昌鱼

寒武纪生命大爆发中出现了与现存的文昌鱼相似的、体形在几厘米的名为皮卡虫的生物。

文昌鱼会钻入近陆的沙质海底，只露出脑袋，摇动口笠边缘的触手，吸入海水来获得食物。在必须离开巢穴时，它们会快速游动、左右摇摆身体，不会游很远便会再次钻入沙内。

与文昌鱼不同，皮卡虫很擅于游泳。它们会利用脊索和肌肉，在海中活力四射地四处游动。

它们都是日后进化为人类的原始脊索动物。过去，人们曾以为皮卡虫是最早的脊索动物，是脊椎动物的直接祖先。但之后又发现了比皮卡虫早大概2000万年的、生活在

◆ 皮卡虫

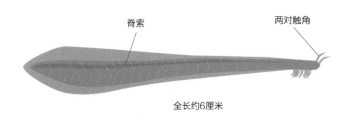

脊索　　　　　　　　　　　　　两对触角

全长约6厘米

寒武纪前期后半段的脊椎动物 —— 昆明鱼。由此，皮卡虫便成为单纯生活在寒武纪的脊索动物了。目前一般认为昆明鱼是最早的鱼类。在它之前，应该还存在着与文昌鱼相似的脊索动物。

文昌鱼像蛞蝓一样半透明，看起来又像蛞蝓又像鱼，是一种很奇特的生物。它的大小在3—5厘米之间，看起来就像一条小鱼一样。这种鱼第一次在英国被发现的时候，被当作蛞蝓的一种，因此也叫作"蛞蝓鱼"。

但文昌鱼其实既不是蛞蝓也不是鱼，属于与鱼类、鸟纲、哺乳纲等脊椎动物的祖先最为接近的"头索动

◆ 文昌鱼

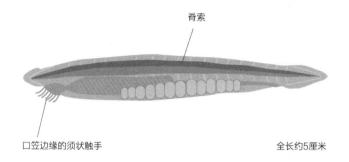

脊索

口笠边缘的须状触手

全长约5厘米

物"（脊索动物门）。因此，人们认为与文昌鱼相似的动物可能就是脊椎动物的祖先。所以文昌鱼也被称作"活化石"。

世界上大概共有30种文昌鱼，其中只有一种栖息在日本几处海边的美丽沙地中。

脊椎动物的祖先是什么

包括我们人类在内的脊椎动物在身体的中央有一根脊椎。脊椎是从后脑贯穿到臀部、以脊骨为中心的一条骨头。

文昌鱼看起来像是鱼，但并没有脊柱，而是在身体背侧中央有一条"脊索"，作为支持身体的中轴支架。脊椎动物的脊索只在个体诞生之初的时候存在，之后便会被脊椎所取代。

人类在母亲体内时，也会在脊柱产生之前拥有脊索。文昌鱼的肌肉、神经组织以及其他身体组织，与脊椎动物相比更为简单。由此，人们一直以来都认为它与脊椎动物的祖先相似。

除了文昌鱼以外，现存的动物当中也有拥有脊索的动物，那就是海鞘。它们被红色的强韧外皮包裹，拥有无数角状突起，外表看上去很丑陋，但海鞘内部的肉如果做成刺身或是用醋腌制后会非常好吃，是很多人非常喜爱的一种食物。

海鞘从卵中诞生之初时拥有脊索。它的幼体看起来就像蝌蚪一样，脊索从头贯穿到尾巴，靠着尾巴左右摇摆来游动。

当它们附着在岩石表面后，就会变成人类的拳头一样的形状，固定在原地生活，尾巴也会被吸入体内，消失不见。它们有着类似贝类的入水孔和出水孔，会捕食浮游生

◆ 海鞘

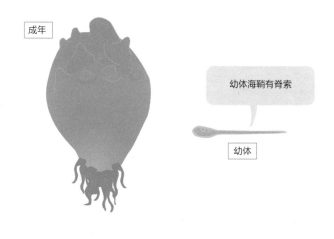

成年

幼体海鞘有脊索

幼体

物，体内的脊索也会消失。

假设拥有脊索、会四处游动的幼体海鞘，从大海游向河川，在生活环境的变化中直接保持原来的形态长成成体，那会是什么样子呢？说不定，它就是脊椎动物的祖先。

人们对于脊椎动物的祖先究竟是文昌鱼还是海鞘争论不休。日本京都大学国立遗传学研究所和英、美等国的国际研究团队在2008年成功完成了文昌鱼的基因组分析。目前看来，文昌鱼是脊椎动物祖先的可能性更大。如果的确是这样的话，文昌鱼出现的时间应该就比海鞘更早，在那之后，脊椎动物才和海鞘产生分歧。

动物有了颌之后体形开始巨大化

弱肉强食的世界

泥盆纪是我们的直系祖先 —— 脊椎动物登上陆地的时代。脊椎动物究竟是如何在海洋、河川中生活的呢？就让我们来看一看吧。

在寒武纪之后的奥陶纪（4.88亿至4.44亿年前），无颌类的牙形石动物迎来了繁荣。在接下来的志留纪（4.44亿至4.16亿年前），植物也来到了陆地。海洋中则出现了巨大的板足鲎。

在志留纪之后的泥盆纪，盾皮鱼纲这种鱼类登场了。盾皮鱼纲的特征是有颌、胸鳍和腹鳍，头部和身体前方覆有外骨甲。

此外，鲨鱼等软骨鱼类，最像鱼的金枪鱼、鲷鱼和鲤鱼的近亲 —— 硬骨鱼纲在此时出现了。

◆ 无颌类的牙形石动物、板足鲎及有颌类的邓氏鱼

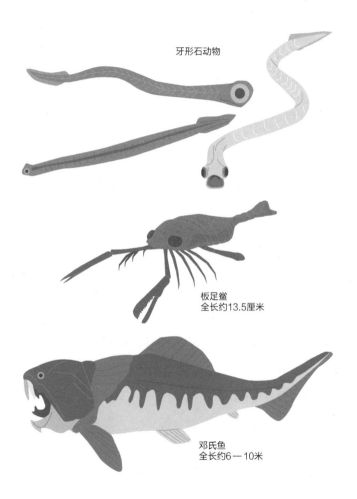

牙形石动物

板足鲎
全长约13.5厘米

邓氏鱼
全长约6—10米

泥盆纪的生物产生了颌，这是动物进化史上的一大重要事件。这时的动物产生了上颌、下颌两块骨骼，牙齿直立，开始能够以其他动物、植物为食。

牙形石动物紧贴海底生活，只能直行或向左右转弯。而盾皮鱼纲动物则能够在水中的三维空间自由游动。与此同时，它们脑内多了半规管，总共拥有三个半规管，可以感知前后、左右、上下的三维运动。

在泥盆纪后期，盾皮鱼纲中出现了体形庞大、体长可达6至10米的邓氏鱼。邓氏鱼的颌是它强有力的武器，它会捕捉鱼类为食，将其咬碎吞食，势头压过了当时颇为繁盛的板足鲎。

板足鲎属于节肢动物，拥有5至6对附肢，第一对前腿被称作螯肢。它们利用附肢上的钳子来捕捉猎物。而最近的研究也表明，它们的钳子并没有那么结实，并不属于强大的捕食者。在距今约3亿年前的泥盆纪末期，无颌类牙形石动物和盾皮鱼纲都灭绝了。

拥有手脚的鱼类出现了

出现在泥盆纪的硬骨鱼纲动物中有一类被称作腔棘鱼

目动物。腔棘鱼目动物有许多在恐龙灭绝的白垩纪末也一同灭亡了，但也有与它们的化石几乎长得一模一样的腔棘鱼目动物至今依然存在，被称作"活化石"。

硬骨鱼纲大体可分为辐鳍亚纲和内鼻孔亚纲，现存的内鼻孔亚纲下又有腔棘鱼目和肺鱼总目。原始的硬骨鱼纲在喉部深处拥有原始的肺，它们中的一部分来到了河流等淡水水域，在鳍内部进化出了发达粗壮的骨骼，最终又进化为两栖纲动物。

两栖纲的祖先真掌鳍鱼，作为拥有手脚的鱼类而被人们广泛研究。

真掌鳍鱼生活在河川、湖泊等淡水浅滩，在这些地方有着茂密的植物。它们的肉鳍中有骨骼，可以利用肉鳍在植物之间爬行，在水中游泳，以鱼为食。它们平时用鳃呼吸，但当湖泊干涸，被泥沼掩埋时，它们还可以利用原始的肺来呼吸。

但真掌鳍鱼似乎并没能进化为能够完全登上陆地的动物。因为在水中有浮力能够帮助支撑身体，但到了陆地上，想要支撑起身体行动的话，就必须要抵抗重力。

◆ 真掌鳍鱼

全长约1.5米

在真掌鳍鱼之后的大约1000万年，终于出现了两栖纲动物。

拥有奇特牙齿的牙形石之谜

牙形石是从寒武纪到三叠纪（5.42亿至2亿年前）的岩石中出土的化石，第一次被发现是在19世纪的俄罗斯。它的大小从不足0.1毫米到约4毫米，属于微小化石。因为它们的牙齿很像梳齿和山羊角，发现者以为它们是未被发现的鱼类牙齿化石，并用拉丁语"圆锥形的牙齿"来将其命名为"牙形石"。

然而，因为只发现了"牙齿"而没有发现本体，长期以来，牙齿的主人究竟是谁一直是一个谜团。到了1983年，有研究者在苏格兰的页岩表面发现了很细微的、形似褶皱的东西。那是一个4厘米左右的细长化石。人们用显微镜观察发现，化石的一端有一组牙形石。

牙形石动物能够从海水中掠取浮游生物。展现出全貌的、拥有牙形石的动物在外观上与脊椎动物八目鳗鱼很像，可以认为牙形石动物是非常原始的脊椎动物。

最早的脊椎动物、无颌类动物的幸存者

八目鳗鱼和牙形石动物十分相似。八目鳗鱼属于无颌类动物，是没有颌的脊椎动物。它们虽然有口，但完全没有颌骨和牙齿。

现存的八目鳗鱼，在颜色、形态和大小上都与鳗鱼很相似。它们有八对眼睛似的东西，第一对是真正的眼睛，其余的都是鳃孔，长相虽然与鳗鱼相似，但却并不属于鳗鱼。

现存的八目鳗鱼是无颌类动物的宝贵幸存者。它们的口整体是一个呈大漏斗状的吸盘，通过将口吸附在鲤鱼等鱼类的身体上，吸食鲜血为生。最为原始的物种的幸

◆ 八目鳗鱼

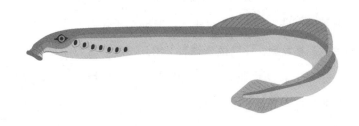

存者八目鳗鱼能够将比自己"先进"得多的、真正的鱼类——硬骨鱼纲吃尽杀绝。

　　见过那场面的人都感到震惊，一方面可能是震惊于八目鳗鱼的凶猛，另一方面也可能是八目鳗鱼被切断后仍旧能够活动、被分解后心脏仍然能够跳动数小时之久的旺盛生命力。八目鳗鱼富含维生素A，用来治疗夜盲症也很有效。

有趣得让人睡不着的人类进化
human evlution

发现最古老生命痕迹的日本人

从碳元素出发探寻生命奥秘

在格陵兰岛的伊苏亚地区，有着距今38亿年前形成的大规模裸露岩石。科学家们在这里发现了关于生命痕迹的化学证据。伊苏亚地区的岩石因为受高温、高压的变质作用的影响，不可能保存有生物的化石。但组成生物的有机物形成的石墨（碳元素的同素异形体）则被保留了下来。

1999年，哥本哈根大学的米尼克·罗辛博士已经在伊苏亚地区的岩石中发现了可能是38亿年前的生物留下的石墨痕迹。

但在该地区，发现了多处并非来源于生物的石墨，而来自生物的石墨只有博士发现的一处。因此，人们议论纷纷，怀疑这一处石墨是否真的来自某个生物。

日本东北大学的挂川武教授和大友阳子博士与哥本哈根大学研究团队一道，在伊苏亚开展了详尽的地质调查。结果在伊苏亚地区的西北部发现了含有更多石墨的岩石。这块岩石是38亿年前海底沉积的泥沙岩化的产物。

　　其中的石墨有着和现存生物相同的碳−12、碳−13占比，还有着构成现存生物的碳元素的代表性纳米级组织及外形。2013年，他们得出结论，这些石墨是在38亿年前的海洋中栖息的微生物的碎片。

　　在澳大利亚西部，科学家们还发现了留存有生物痕迹的大约35亿年前的化石。化石很微小，是需要用显微镜才能看到的小细菌，却是目前确实可信的最古老的化石。

　　目前还没有发现更为古老的化石，一般认为，生命大约是在40亿年前出现在地球上的。

智人只是新来者

在宇宙日历上回顾人类进化

想要了解大致的宇宙历史，可以看一看《宇宙》一书的作者、因太空探测计划而为人所熟知的卡尔·萨根博士提出的宇宙日历。我们身处的宇宙是在距今137亿年（±2亿年）前产生的。如果我们把起点放在地球诞生的距今46亿年前，将地球的历史浓缩为一整年的话，起点距今就是365天，每天相当于约1260万年。

在1月1日地球诞生的一个半月之后，生命出现在了地球上。

那一定是由一个细胞组成、结构简单的原核生物——单细胞生物。

1月1日	太阳系和地球诞生	（46亿年前）
2月17日	生命诞生	（40亿年前）
3月29日	最古老的化石	（35亿年前）
7月18日	真核生物登场	（21亿年前）
11月14日	埃迪卡拉动物群	（6亿年前）
11月18日	古生代寒武纪，寒武纪生命大爆发	（5.42亿年前）
11月26日	植物来到陆地	（4.5亿年前）
12月12日	恐龙登场	（2.5亿年前）
12月26日	恐龙灭绝	（6500万年前）
12月31日 10点40分	人类登场	（700万年前）
12月31日 16点23分	出现直立行走的人类（南方古猿）	（400万年前）
12月31日 23点37分	智人登场	（20万年前）

那之后又过了十几亿年，大约在21亿年前，真核生物诞生了。

真核生物诞生后，又经历了十几亿年的岁月，出现了由多个细胞组成的多细胞生物，它们可能是藻类。这是距今大约10亿年前的事情。

到了11月14日（6亿年前），生物开始迅速地变得多样化，出现了身长在几厘米到1米左右的生物群，它们被称作埃迪卡拉动物群。

11月18日，发生了寒武纪生命大爆发，海洋中出现了多种多样的生物。

11月26日，植物登上了陆地。节肢动物紧随其后，脊椎动物中的两栖纲动物随后也登上陆地。地球的海洋中和陆地上都有了生物的身影。之后的故事，我们已经在书里的前两部分中了解过了。

到了12月31日的傍晚时分，出现了直立行走的南方古猿。而我们这些智人，则在仅剩23分钟就要迎来新一年元旦的、一年中最后的时刻，诞生在了非洲。

从地球历史的角度来看，我们其实还是"新人"而已。

智人实现了文明开化，努力钻研地球上自然界、物质界和人类进化的奥秘，还去探索无穷巨大的宇宙的秘密，发现一个又一个的事实，树立起一个又一个的理论，不断揭开这世上的谜团。我们就是拥有这种智力水平的智人。

后记

我在自己参与编辑的理科教育书中的"为教师们准备的心理卫生方案"中写道："出生就是幸运，活到今天就是幸运，未来的日子更是最大的幸运。"

我引用了涉谷治美的话，把自己放到地球的诞生、生物的诞生与进化、人类的诞生、我们每个人的诞生和整个宇宙史当中去。我以为这是一句在失落消沉时回想起来，非常能够鼓舞自己的一句话。

在开展教育工作的过程中，我越来越能体会到这句话的意义，感受到从理科教育的角度开展尊重生命教育的重要性。

有一天，我在考取初高中理科教师资格证的必修课"理科教育法"上，以前田利夫的《探寻137亿年生命起源之旅》（新日本出版社）为参考，讲述了人类的历史。

　　我效仿前田先生的著作，上溯人类祖先，按照现代人类、旧人、原人、猿人、初期猿人的顺序，回顾人类的起源；又讲到灵长目、哺乳纲、寒武纪生命大爆发和长达30亿年的单细胞生物时代，回顾了生命起源，连上了两个课时。

　　将来，无论是作为理科教师教授理科的学生，还是从事教师之外的工作，"我们从哪里来"这个问题，都是很值得我们停下来静静思考的。

　　本书正是为了这样的时刻而作。

　　最后，如果本书的确让您感到了些许趣味，那都是多亏了本书的第一位读者，同时也是本书编辑的绵由里老师。我根据绵由里编辑的意见，对本书重新进行了编撰和增补，真的非常感谢。

左卷健男

2015年11月20日